ちくま新書

フューチャリスト宣言

梅田望夫
Umeda Mochio
茂木健一郎
Mogi Ken-ichiro

656

フューチャリスト宣言【目次】

第４章　ネットの側に賭ける　

章扉写真＝坂本真典

はじめに

茂木健一郎

人間というものは、案外、未来のことを考えないものである。いつか確実に来る死のことには触れたくもないというのが人情だし、一〇年後、二〇年後はおろか、一年先のことについてさえ、明確なビジョンを持たないままに暮らしているということは実際に多い。

未来の姿があいまいなのは、ある程度は仕方がないことである。どんなに精緻な予測も、必ず裏切られる。まさに一寸先は闇なのであって、あまり将来のことをくよくよ考えても無益であることは事実なのである。

それでも、未来にどのような思いを抱くかで、今日の生き方が変わってくる。希望を抱くのか、絶望するのか、楽天的なのか、悲観的になるのか。人間の脳というものは不思議なもので、「これからは大いに有望だ」と思うとそのように活動し、「あまり良いことはない」と思うとそんな風に活動する。

これからの時代にどのようなイメージを重ね合わせるかで、人間の思考、感覚、行動は左右されていってしまう。未来に投影するイメージの内容によって足下の生活の帰趨までもが影響を受けるとするならば、人は勢い未来に関心を抱かざるを得ないだろう。

一〇年後、一〇〇年後の世界は、一体どんな姿をしているのだろうか？　未だ見えざるもの、やがてその全貌を現してくるであろうものたちの姿に、私は子どもの頃からとても関心があった。未来のことについて考える「フューチャリスト」（未来学者）としての志向が、小さな頃から徐々に私の中で育まれていったのである。

未来についてどのように語るかということには、その時々の時代精神や文化状況が反映される。一九六二年生まれの私にとって、子どもの頃、未来はぴかぴかと輝いて見えた。アポロ11号が月に着陸し、アームストロング船長が最初の偉大な一歩を記したのは、私が六歳の夏。あの頃、人類のさらなる宇宙進出は時間の問題であるかのように思えた。

私が未来に興味を持つきっかけになった原体験は、間違いなく、アポロの月着陸だったように思う。

当時の世界は、「明日」は「今日」と異なり得るという「未来感覚」にあふれていた。人類が必ず宇宙に進出するだろうと多くの人が信じていた。もうすぐ「地上の太陽」としての核融合が実用化され、原子力飛行機が飛ぶんではないかと思っていた。深海では、魚の牧場をロボットの潜水艦がパトロールするようになるんだろうと信じていた。学校の図工の時間には未来都市の想像図を描いた。超高層ビルが立ち並ぶ中、空中道路が走り、その風景の中を空飛ぶ車が行き交う。遠くでは、宇宙コロニーを目指して上昇するロケットが見える。いまから考えればいかにも荒唐無稽なそのようなイメージの中に、私たちは未来への夢を託した。

雲行きがあやしくなってきたのは、いつくらいからだったろう。輝かしいものであったはずの未来のイメージは、次第に現在よりも暗い、希望の持てない何ものかに変わっていった。壮大な宇宙進出の夢よりも、地上の貧困の問題を何とかする方が大事だという論議が支持された。文明の発展の限界が露わになり、経済発展を犠牲にしても環境を保護することの大切さが声高に叫ばれた。

無限の可能性があるように思っていた人類の活動は、実は目には見えない天井によって制約されていた。自らの限界を知る。それは、人類にとって、自らの所業が地球環境にも影響を与えざるを得ない時代が来たことを学ぶ、どうしても必要な通過儀礼であった。

そんな中で、「未来」という言葉がかつて持っていた、まぶしく光を放ち、ぞくぞくと魂を震わせるようなニュアンスは、徐々に失われていった。テクノロジーが発達しても、私たちの生活はそれほど変わらない。そんな気分がいつの間にか支配的になった。私たちは、いつしか「明日は今日の延長である」という世界観の中を生きるようになっていったのである。

時代がめぐり、いま、人々は再び未来に明るい何ものかを見始めているように感じられる。未来は、今日よりも良いものになるかもしれない。そんな気分が次第に熱を帯びてきているように思われる。少なくとも、私にはそのように感じられる。

十分に遠くを見る眼と、疾走する脚力、そしてほんの少しの勇気さえあれば、未来に対する人類の信頼をもう一度復興することができる。そんなチャンスが巡って来ているのではないか。私の中で、フューチャリストとしての血が騒ぎ始めている。

今日における明るい未来像を生み出すもととなっているのは、インターネットである。宇宙に住んだり、空中カーで超高層ビルの間を飛んでいく日が近い将来に来るということはないかもしれない。そのようなかつて描いた未来像とは異なる形で、インターネットは私たちの生活を根底から変えるかもしれない。かつての未来像の中で夢見られてきたこと、とてもできはしないと諦めていたこと、密かに胸に秘めたまま、誰にも喋らないでいたこと。そのような様々なことが、息を吹き返し、生命力を得ることになるかもしれない。

そのような未来への直観を強めているちょうどその時期に、私は梅田望夫さんに出会った。

梅田さんの『ウェブ進化論』（ちくま新書）を読んだ時の感動は、鮮明に覚えている。その感触は、対談の中でも触れているアップルの創業の物語を綴った『Insanely Great』という本に接した時のそれに似ていた（本書38ページ参照）。さらに言えば、アポロ11号が月に着陸した時の熱狂、あの頃夢見た未来に対する熱、希望と同質のものを、梅田さんの書かれたものに感じたのである。

梅田さんの本から発せられる熱は、ともすればシニカルな批評に終始しがちな現代において、希有なことのように思われた。しかも、上すべりのオプティミズムではない。人間性に関する深い洞察に基づいた、筋金入りの何かを感じたのである。

実際にお目にかかって対談する中で、「この人は私にとって大切な人になる」という予感ははっきりとした確信に変わった。梅田さんは、私にとって何よりも大切な、ある一つの価値観を共有できる人になったのである。

梅田さんの持つすばらしい資質は、「楽天的であるということは一つの意志である」とでも表現できるような決意と世界観である。インターネットという新しいメディアに関して現時点で人々が抱いているイメージは必ずしも明るいものであるとは限らない。流通している情報の質が悪いというだけでなく、誰も管理しないネットという場は誹謗中傷や犯罪の温床になるといった、きわめてネガティブな印象を持つ人もいる。

しかし、梅田さんが常々言われているように、「未来に明るさを託す」ということは、単なる現状の認識に発することではなく、むしろそのような世界を創り出すという意志に基づく行為である。インターネットは、物理的な距離や言葉、文化、社会的な階層といった障壁を超えて世界中の人々を結びつける大変なポテンシャルを持っている。

インターネットは、かつてない自由な可能性を秘めた学びの場でもある。ネットは、たとえ入試に落ちても、学校という「クラブ」に属さなくても、カントの古典的な著作をドイツ語で読んだり、出版されたばかりの宇宙論の論文を読む機会を与えてくれる。古典的な成果から最先端の知見まで、様々なことを検索し、多くの場合、無料で学ぶことができる場がインターネット上に出現している。いまや、世界の最高学府は「東京大学」でも「ハーバード大学」でもない。それは、ネット上に存在するのである。

インターネットという新しいメディアに内在する魂を熱狂させ、私たちの生命の奥底にあるもっとも強靭なポジティブな衝動を引き出すその作用の本質を、梅田さんほど的確な、そして熱い言葉で語っている人がいるだろうか。梅田さんとお話しするうちに、私の魂は触発され、内なる「フューチャリスト」としての志向がうごめき出した。

いまは、梅田さんと二人で「フューチャリスト同盟」を結びたいような気持ちでいる。

アポロ11号の着陸時の熱狂の中にかいま見えた将来の人類社会のイメージは、当時は信じるに足るものに見えたが、いつの間にか、その明るさは幻と消え、私たちは宇宙開発に関してどちらかと言えば陳腐な日常の中に投げ込まれている。私たちがいまインターネットに託している明るい未来像も、必ずしもそのまま実現されるとは限らない。実際に起こることは、私たちがいま予想できることとは似ても似つかないものになるかもしれない。いや、きっと異なるものになるだろう。しかし、だからと言って、予想すること、志向すること、そして夢の実現のために疾走することを忘れてはいけない。

未来は予想するものではなく、創り出すものである。そして、未来に明るさを託すということは、すなわち、私たち人間自身を信頼するということである。

私たちが人間を信頼すればするほど、未来は明るいものになっていく。少なくとも、私と梅田さんは、そのように信じている。

この本は、私たち二人の「フューチャリスト宣言」なのである。

第1章

黒船がやってきた！

†媒体を自分で持てる快感

茂木　じつは僕は、インターネット・ユーザーとしての経歴はかなり長いほうです。ホームページを立ち上げたのが一九九七年ですから。ブログの前は、掲示板をつかって日記を書いていました。それからブログが出てきて、パーマリンク（個々の記事に対する固有のURLの割り当て）ができるということがわかったので、ブログに変えました。パーマリンクは本当に画期的な機能ですよね。

その頃にある人から聞かれたのですが、「あなたは原稿料をもらって原稿を書き、本にする人でしょ。それなのに、なぜあれだけ膨大な文章を無料で公開しているのですか」と。そのときに、ブログのどこがいいのか考えました。ブログってアクセスに関しては他のメディアと遜色ないし、何より自分で編集ができる、著者と編集者を兼ねられる。要するに、媒体を自分で持てるという快感があります。

そしてある時期に、グーグル経由で読まれるようになってから、以前ほど独自ドメインなどの意味もなくなりましたよね。

梅田　グーグルが出てきて明らかに変わったのは、検索エンジンを使って「検索して読む」というスタイルが生まれたことですね。僕のブログ(http://d.hatena.ne.jp/umedamochio/)

も、たぶん茂木さんのブログ（http://kenmogi.cocolog-nifty.com/qualia/）もそうだと思いますが、アクセス解析すると、ある一定数、グーグルに入力された何らかのキーワードの検索結果から飛んできて読まれている。僕や茂木さんを知らない人が、ネット上に書かれた何らかのものを通して、僕や茂木さんを発見するというケースがけっこうある。

茂木　ネットに関するいろいろなことが、ここ二、三年でずいぶんと様変わりしてしまったようですね。

梅田　検索エンジン、イコール「グーグル」なんですが、「ネットって何なのか」ということを、グーグルが発見したんですね、たぶん。僕は九四年からシリコンバレーにいて、「ネットが面白い、面白い」とずっと書き続けていたから、二〇〇〇年春にネットバブルがはじけて以来三年くらい、九〇年代に自分が書いてきたことは本当に正しかったんだろうかとずっと悩んで、前に書いたものは、生傷にさわるような感じで読めない状態が続いていました。

やはりいま振り返ると、九〇年代のウェブ、インターネットには、みんなが今日議論しながら感動しているものがまだ出てきていない。当時、未来の可能性を感じてワクワクしてはいたけれど、可能性が現実にはなっていませんでした。インターネットがまだ出はじめで、インフラ側の未整備の問題もあって遅かった上、ホームページはイコール雑誌みたいなものでした。つまり、既存メディアのメタファーをみんな無理やりインターネットの上にのっけながらやっていた。ポータルサイト（玄関サイト）も、たとえばヤフーにしても、基本的に雑誌とか新聞のメタファー。リアル世界で作られたメタファーをそのままもってきていた。「だから凡庸だった」なんてあとから言っちゃ悪いんだけど、普通の人が考えるアイデアですね。

ところがグーグルが、バブルがはじけようがひたすらやっていたことは、ネット上のリンクの構造、グラフ構造を分析することでした。創業者たちは数学者だから、ネットは歴史上存在する最も巨大なグラフ構造で、それが日々膨張していて面白いと、強い数学的関心を持った。この全部を整理しつくすにはどうしたらよいか、ということを、九六年から二〇〇一年までずっとやっていて、その頃はまだビジネス的なブレークスルー（検索連動広告事業）は生まれていなかった。そのときの実験システムが、現在のグーグルの検索エンジンに進化していったわけです。だから、グーグルが出てこなかったら、おそらくいまもなんとなく「ネットって何なんだろうね」という模索状態が続いていたのだろうと思います。彼らが、インターネットとは何ぞや、というのを発見したんだと思います。

†グーグルの画面は深い思想に基づいている

茂木　最初にグーグルを見たときの強烈な印象が忘れられないのですが、何より驚いたのはシンプルな検索窓のデザインです。なんであんなに簡素に作られているのか、ということがポイントだと思っていたのですが、いまのお話は大事ですね。要するにポータルではない。ポータルサイトと違う。

梅田　その窓は辞書としても使えるし、ブラウザにURLを打ち込む代わりにもなるし、電卓のように計算もできる。とにかく、検索エンジンというものを通すことによって何でもできるんだという考え方ですね。検索エンジンを準備すると、一本のシステムでいろいろなことができるということに、彼らがいつ気付いたのかわかりませんが、ネットの起点は何しろ検索なんだ、ということになったわけですね。

茂木　グーグルは口コミでひろまりましたよね。

梅田　グーグルはマーケティングコストをほとんどかけずに普及しました。全部、口コミです。

茂木　グーグルの前にあったさまざまな検索エンジンは、少なからず消え去っていきました。アルタビスタとかメタサーチとか、いろいろありましたが。

梅田　やはりグーグルは演算の質がよかった。登場したときのグーグルの網羅性は格段にすぐれていたし、順位もリーゾナブルでしたね。例外をとりあげて、まったくなっていない、と言う人もいるのだけれど、公平にみれば、相当リーゾナブルです。どうしてこんなものを一本のアルゴリズムで、すべての言語のすべての言葉の組み合わせに対して答えをすぐに返せるんだろうって、普通に考えれば驚異的な技術ですね。

茂木　この前もあるデザインの審査会で言ったのですが、僕はグーグル的なデザインの持つメッセージ性がずっと気になっています。トップページは何もデザインしていないようなものですよね。最近では、凝りに凝ったようなインターネット上のデザインが、むしろダサいものに見えてしまいます。

梅田　グーグルの画面というのは、深い思想に基づいています。そのときにユーザーが必要としている情報しか出さないということです。その人が必要としているときに必要としている情報を正しい場所に出す、という考え方が貫かれているわけです。つまりグーグルにポンと飛んできた人は、検索をしたいだけで広告を見たいわけじゃない。だからあそこには一切広告は出さない。デザインの美しさから画面を真っ白にしたいんじゃなくて、検索したくてグーグルに飛んできた人に広告を見せる気はないという意思表示なんです。

茂木　グーグルのトップページにもし広告があったとしたら、大変なことになりますよね。

梅田　計算したら、少なくとも何百億円単位でしょう。世界中の人たちがあれだけ毎日使うわけですから、何百億円の広告媒体です。一〇〇〇億円近いかもしれません。だけど絶対にグーグルはそれをやらない。

茂木　巨額の収入を、ある意味ではみすみす逃している。

梅田　その通りです。グーグルという会社はいろんな意味で思想を先につくります。「我々は邪悪なことはしない」とかね。そんな大げさなことを言うから「邪悪とはなんぞや」といろいろもめるんだけど。そういう思想の一つに、必要とされるところにのみ情報を置くんだというのがある。広告とは情報である、という思想なんです。検索した後に出てくる広告というのは、検索したい言葉が既に入力された以上、その人にとって価値がある情報のはずだ、だからそこに出しているんだ、そういう論理です。その思想に合わないところの場所には、一切広告は出さない。

茂木　ユーザーが欲しいと求めたもの以外は……。

梅田　一切出ていない。トップページがヤフーみたいにゴチャゴチャした画面になるというのは、すべて広告収入を得ようとするためです。あのページに留まる時間がメディアの価値になりますから。グーグルはあのページには留まらせない。そういう意味での思想、あるいは情報に関するモノの考え方みたいなものが、自然にデザインを生み出したということですね。だからトップページでは「Google」というロゴの周辺のところにしか、デザイナーが実力を発揮するところはない。

茂木　文字の大きさとか、色とかね。

梅田　ハロウィンの日にはあそこに小さなカボチャの絵が入るとか、せいぜいそのくらいですよね。

†ウィキペディアが日本から出なかったのはなぜか

茂木　梅田さんの『ウェブ進化論』は、日本人の書いた本では珍しく、未来学の書というべきか、前向きに未来を考え抜いたものです。これから世界がどう動いていくかということを的確に予言されている。フューチャリストのビジョンが展開されている（フューチャリストの定義は「おわりに」参照）。別の角度からいえば、日本の現状に対する非常に痛烈な批評として読まれるべき書と思います。僕自身は、そこに書かれていることには、「やれ、やれ、もっとやれ」と全面的に賛同しているんですが、他方で拒否反応もあるのではないかと考えました。典型的には、どんなネガティブな反応があったのでしょうか。

梅田　まず「楽天主義的なのが許せない」「オプティミズムはけしからん」というのがあります。あの本は、決してグーグルのことだけを書いたわけではないけれど「グーグル礼賛」だという批判も多いです。「グーグルがやろうとしているああいう方向に世の中が向かっていくことはけしからん」「ウェブ２・０のような方向は気に入らない、世の中にと

ってよくない。よくないことなのにもかかわらず、素晴らしいことが起こると書いている
この本はとんでもない」。そういう拒否反応も多い。やっぱり、いまのメディア世界の人たちを中心として、「不特定多数の人々が自由に情報発信できるなんてとんでもない、いままでの仕組みのなかで選ばれた人が情報を選別して民に知らしめるべきなんだ、そういう仕組みでようやく人間の世界は成り立ってきたんだ」という世界観をもっている人は、エリート社会に多いのです。

茂木 ウィキペディア（不特定多数の人々がネット上でつくる、世界最大の百科事典）に対してはどうですか。じつは僕は、ウィキペディアのヘビー・ユーザーです。携帯電話からネットにアクセスして英語版のウィキペディアを回遊するのが趣味なくらいですから。

梅田 ウィキペディアに対しては、「誰がどんな資格でこれを書いているのか。有象無象が書いた、誰でも変更できるもので、権威ある人と匿名で無名の人が書くものに区別がない。こんないい加減なものは存在するべきでない。皆がそれに依存するようになるのは由々しき問題だから普及すべきではない」という拒否反応がある。『「ウェブ進化論』はそういう世界の到来を扇動している、しかも、その結果起こり得るマイナス面を書いていないからぜんぜんバランスが取れていない」という批判がある。かなり激しいですよ。えっ、こんなに怒るのかと思うぐらい。

茂木　日本では、インターネットは巨大掲示板「2ちゃんねる」などにみられるように、サブカルチャーのイメージが強い。それに対して、欧米ではウィキペディアが典型ですが、非常にパブリックな機能を果たしていますよね。ウィキペディアが日本から出てこなかったのはなぜなのか、とよく考えます。

梅田　日本でも若い世代、いまの高校生や大学生、二十代からはウィキペディアのような公共的なものがいずれ出てくる可能性があると思います。インターネット、それからリナックスのような「オープンソース」に若いときに触れた人は、その影響を強く受けます。インターネットの成り立ちのところに、利他性というかボランティア精神的なものがかかわっている。インターネットという素晴らしいものが毎日動いている裏には、いろんな人のただ働きがある、無償の奉仕をしている人がいる。

あるいは、オープンソースの世界にはプログラマーが約三〇〇万人います。彼らは初めは面白いという理由から惹きつけられ、ネット上での他者との共同作業のプロセスに喜びを感じます。たとえば、リナックスのコードのある部分に深い関心を持つ人がその部分のコードを一部書くと、同じ部分に関心を持っている人との共同作業が自然発生する。その相手がロシア人だったり、ポーランド人だったり。そして、成果を広くパブリックに公開していくことによってさらに新しい経験を積み、多くの人に自分が作ったものを使ってほしいと思うようになる。オープンソースでソフトウェアを開発していくことで、自分の可能性が大きく広がっていく。

†公共性と利他性がインターネットの特質

茂木 なるほど、オープンソースの経験があって、ウィキペディアが出てきたんですね。たしかに、ウィキペディアの記事の修正をプログラミングのデバッギング（バグ修正）だと考えれば、わかりやすいですね。

梅田 そうですね。二十代の若い人たちの中には、インターネットカルチャーにふれて、インターネットの成り立ちの思想、オープンソースの成り立ちの思想、そういうものの考え方から影響を受けている人が多い。ネットのビジネスをやっている連中は、インターネットが存在しなかったら二十代でこんなに楽しくて充実したビジネスはできないんだ、と感動している。あるいは、たかだか六、七年前とくらべてみても、ネットバブルがはじける前というのはオープンソースもほとんど存在していなかったし、サーバーコストものすごく高かったから、かなりの額の資金を調達しないとビジネスを始められなかった。

ところがいまは、手持ちのパソコンにオープンソースのソフトを全部もってきて、その上に自分のつくりたいものをつくると、世界がつながってくる。彼らは心から、オープンソースの成果物を自分たちに与えてくれたプログラマーたちに感謝する気持ちを持っていて、だから自分もその世界に何か成果を還元しなくちゃいけない、そういう感覚を持っている人は多い。その世代からは、日本でもウィキペディアのようなものが出てくるのではないでしょうか。

茂木　僕もまさに公共性と利他性こそが、インターネットの特質でなければならないと思います。僕は自分のブログに自分の講演会の音声ファイルなどを公開していますが、むろん聴いてくれる人からお金をとる気はない。いろいろな情報はシェアされるべきだと思う。そうしてインターネット上に「知」が集積していくことは、とても大事なことです。インターネット以前の知の世界は、サークル的というか、情報の囲い込みの世界ですよね。記者クラブなどが典型です。そういう段階から、オープンアクセスの方向へ、あるいは、クリエイティブ・コモンズ（より自由な著作権ルールをめざすライセンス活動、詳しくはhttp://www.creativecommons.jp/）やオープンソースのほうにあえて足を踏み出したのは、人類の歴史上、かなり画期的なことだと思いますよ。

†ネットがセレンディピティを促進する

茂木　脳科学、神経経済学を研究している立場からいうと、脳とインターネットの関係は大変おもしろいテーマです。インターネットの世界は、私の言葉でいう「偶有性」、つまり、ある事象が半ば偶然的に半ば必然的に起こるという不確実な性質に充ち満ちています。

梅田　インターネット全体を、脳に似ていると言っていいんですか？

茂木　スモールワールド・ネットワーク性（一見遠く離れているものどうしも、少数のノードを通して結ばれている性質）という観点からみると、そっくりです。ローカルにコントロールできる部分とできない部分があるということもとてもよく似ている。脳の神経細胞のネットワークもローカルな回路だったらコントロールできるんだけど、少し離れたところで何やっているかということはコントロールできない。インターネットも、自分のブログに対してどこからどんな書き込みがくるかなんて、コントロールできることじゃないですよね。

梅田　なるほど。たしかに、そうですね。

茂木　脳とコンピュータのちがいというのは、チューリング・マシン（英の数学者アラン・チューリングが一九三六年に示した動作原理にもとづくコンピュータ、現在のコンピュータも基本は同じ）をプログラミングするというのはいわば「ウェブ1・0」で、脳は要するに「2・0」以降です。外部からの入力に対し、閉じたプログラムで処理をして、ある解を出すといったチューリングのシステムは、それだけでは偶有的なできごとを有機的に消化できない。
脳の神経細胞のネットワークは、半ば規則的でありながら半ばランダムな結びつきを持っていて、その組み合わせによって、いまのコンピュータには発揮できない人間の創造性というものを生む。その秘密の一端が、脳のネットワークのスモールワールド性にあるようだというところまで明らかになってきたと、我々は考えています。
その意味で、何億年の進化を経てできあがった脳のシステムに相似する事象が、人間の作り出したインターネットにおおわれた「グローバルビレッジ」のなかで生まれ始めていることには若干の脅威をいだいています。さらには、脳とインターネットの共進化といった事態が起こりかねないことに、畏れすらいだいている。

梅田　脳の創造性の根幹にかかわることと同じことが、いまネットの世界で起こりはじめている、と。

茂木　そうです。「偶有性」は脳にとって、とても重要な栄養なんです。人間の脳はつねに偶有的なできごとを探しまわっている、と言うこともできます。インターネットが好きかどうか、ネット世界の変化を受け入れるかどうかということは、偶有性に対する態度と密接に結びついている。この変化を嫌う人は、偶有性に満ちたネットがいやなのだろうと思いますが、他方で予想できないものが好きな人には、ネット以上の遊び場はない。自分がブログを書いたら、どんな人がコメントをつけるか、どんな人がトラックバックをつけるかわからない。そんな不確実さにあふれた世界なのですから。

梅田　朝起きて、まず何をするか。いちばんやりたいこと、いちばんせざるを得ないところからやりますよね。そうすると最近、メールよりブログのコメントやトラックバックのほうが気になります。そっちのほうが、何が起きているかわからないから面白い。まさに偶有性ですね。自分のブログを自分の分身のように考えると、とくに頻繁に更新している時期には、分身に異常が発生していないかを見にいくみたいな感覚があります。メールは想像のつく範囲の人からしか来ないですから。

茂木　だから、ネットはセレンディピティ（偶然の出会い）を促進するエンジンでもあると思う。もちろん、本屋でたまたま立ち読みしていて思いがけず何かに出会うということもあるけれど、インターネットはセレンディピティのダイナミクスを加速している。紙媒体はゆっくりなのに対して、ウェブははるかに高速です。

梅田　人と人との出会い、人と何かの出会いというのが、つい数年前までは、物理的な制約でがんじがらめになっていたわけです。それが、物理的な制約を超えて、ネットによって、自分が面白いと思っていることと全く同じことを考えている人がここにいた、というような出会いがある。そういう経験の質というのかな、これを心から感じている人と、そういうことは全く経験もしたことないし、考えたこともないという人の間には、すごく大きなギャップができてしまっている。

茂木　音楽配信の例で言うと、たとえば僕は「ジョージア・オン・マイ・マインド」という曲が好きなんですが、この曲をいろんな国のいろいろな人が歌っているのを、検索によって一発で知ることができる。もっと広い意味で言うと、まさにおっしゃるように物理的空間や時間を隔てて離ればなれになっていた物事を整理することができる。

時間的・空間的にばらばらに隔てられたものを整理するのは、これまで脳がやっていたことです。たとえば、過去のできごとの記憶を整理する。そのひとつのかたちが「夢」であって、夢には一週間分くらいの体験がごちゃごちゃになってあらわれるものです。簡略化すれば、直近の一週間分くらいの「過去ログ」を、意味の連関をとってお互いに結びつける、というのが夢のはたらきだった。それをいまではネットでやっちゃっている、ということです。

また、梅田さんの本についてブログで書いている人も、物理的には遠く離れていて、これまでは出会いようがなかったのが、いまは検索ソフト一発で一堂に集めることができる。これは画期的ですよ。

†ウェブは脳の報酬系を活性化させる

梅田　それをもうすこし能動的にやっているプロジェクトが先ほどのオープンソースだ、と言えるかもしれないですね。オープンソースというものは、誕生してからわずか一〇年以内です。もともとフリー・ソフトウェアというのはあったけれど、それは一つの研究室の中で作られるなど、物理的制約に縛られていた。インターネットによってその縛りがなくなって、オープンソースとして表に出てきたのは九八年ですから。グーグルの創業も九八年。九八年、九九年ぐらいからはじまった動きで、それからたかだか五、六年で、いまウェブ2・0と言われているようなことがものすごいスピードで動き出してきた。

最近驚くのはこのスピード感なのです。この加速度が上がっているのが恐ろしいほどで、やはりネットの性格として、情報の伝播速度無限大で複製コストゼロ、これがほんとうにフルに動きだしたな、という感じが去年くらいからあります。たとえば、動画投稿サイトのユーチューブ（YouTube）が二〇〇五年に創業して、サービスを開始してから一年でこんなに伝播した。その広がり方というのは、過去に絶対なかったスピードですよね。スピード感が想像を超えはじめたなと感じます。

茂木　ブログを書くのでも、コメントをつけるのでも、あるいはオープンソースでも、誰も頼まないのにやる。それが面白いですよね。先ほどの偶有性と、それから、お互いに相手を認め合うということの魅力があるのでしょう。人に見てもらうということの快感、人から認めてもらうということの喜びですね。脳の報酬系をもっとも活性化させるものの一つは、他人からの承認ですから。

梅田　脳の報酬系の活性化というのは、どんなメカニズムで起こるのですか。他者からの承認がそのカギを握ると？

茂木　ある行動を選択して、それが周囲に認められたり、ほめられたりしたとき、大脳皮質の下からドーパミンという神経伝達物質が放出されます。これが脳の報酬物質です。ある行動をとることで脳内報酬物質が放出され快楽を得られると、脳はその行動にともなう神経細胞の活動をより強く再現しようとし、神経細胞が自動的につなぎ変わります。そうすると、次はもっと強く脳内報酬物質が放出される。こうした神経回路の強化が、脳で行われる基本的な学習の方程式で、このメカニズムを「強化学習」といいます。

子どもだったら、何かをしたときに親にほめてもらえば、うれしいと感じて、そのふるまいをもっとやろうとする。ウェブも、そうした承認欲求につきうごかされていると思うんです。

梅田　結局そこなんですね。たとえば、オープンソースの世界に一番参加しているのがヨーロッパの人で、つぎがアメリカで。参加者の半数以上が先進国の人たちです。インド、中国というのはプログラマー人口の割に参加者が少ない。ある種、豊かなというか、基本的な生活欲求がベースとして満たされたあと、その上のところの欲求の満足を求める人々がオープンソースに向かう。

茂木　他人から認められることこそが、人間の生命原理の根幹にかかわる欲求なんです。

†シリコンバレーのルーツは反権威

茂木　僕は、アメリカの文化がグローバル・スタンダードで世界を制していくという見方には必ずしも与《くみ》しませんが、梅田さんが『シリコンバレー精神』（ちくま文庫）で書いているような、アメリカ、ことにシリコンバレーで生まれたきわめてプラクティカルなスピリットというか前向きさには魅かれます。あれは、世界のほかのどの地域にも見られない心性ではないでしょうか。ある意味で新生物というか、突然変異、新しい文明といった印象を受けます。

梅田　シリコンバレーのルーツは、フロンティア精神、テクノロジー志向、反権威、反中央、反体制、それからヒッピー文化、カウンター・カルチャーというか、そのへんの組み合わせといえますね。

茂木　日本にも反体制、ヒッピーっぽい人はいますが、その人たちは往々にして技術をもっていない。しかも、うらめしそうな視点（ルサンチマン）を世界に対してもっている。意欲でも権威の側に負けていることが多い。でもアメリカには全然違うタイプがいますよね。

梅田　テクノロジーがそういう人たちをエンパワーすると信ずるのが、シリコンバレーの特徴でしょう。要するに自分一人の能力がテクノロジーによって増幅されなければ、必ず権威に負けるわけですね。権威と闘う道具としてのテクノロジーということです。ユーチューブもそういうことです。日本企業の研究所の若い人たちだって、ユーチューブを一年以上前から見ているわけですよ。でもユーチューブを見た瞬間から、俺たちはやっちゃいけないな、と彼らは思ってしまう。その周辺でいろいろな可能性があるのはわかっていてもね。

茂木　自己規制してしまう。法律のことを考える。

梅田　最終的にサービスになったときに、絶対に会社から止められると思うんでしょう。それからもっと悪いのは、テレビ局がお客さんだっていう意識が働くこと。ユーチューブのようにテレビ番組を録画して投稿することができるサービスをメーカーが作って出したら、ぜったいにお客さんであるテレビ局からクレームが来ると考えて、動けなくなる。

茂木　それは広告業界的なメンタリティですね。

梅田　日本の電機産業は、電力会社と放送局と政府とNTT、ここに納めている部分がかなり大きいんですね。国のインフラを用意するというメンタリティが会社全体にあって、その中に人材が囲い込まれて、かつてはそれなりにすごくイノベーティブだった。だからベンチャー企業がそれに対抗するという構図が日本にはなかなかできてこなかった。半導体あたりまではずっと、IT関連製品は国の体制をサポートするものと見ることができたのです。

　ところがインターネットが出てきた瞬間に、インターネットの性質というのは極めて破壊的、アナーキーなので、そこに踏み込めなくなった。「なぜ日本の電機メーカーがインターネットに踏み込めなかったか」という原因は、すべてそこにあるんですよ。何かをやろうとすると、必ずいまの社会を支えている仕組みに触るから、そこで最後まで行ってやろうという狂気が生まれない。アマゾンやeベイだったら、小売・流通の仕組みが壊れるとか。ユーチューブだったらメディアが壊れるとか。壊して何かをやろう、あるいは壊して新しいものを創造しようということとインターネットの性質はイコールなんです。

茂木　僕はもともと物理屋なのですが、物理にはアナーキーな精神がある。インターネット的なカルチャー、創造的破壊の精神は大好きです。僕がテクノロジーを愛するきっかけになったのは、『Insanely Great』という本です（邦訳『マッキントッシュ物語』ブッキング）。Insanely Greatというのは、「めちゃくちゃすごい」とでも訳すのかな、アップルCEOのスティーブ・ジョブズの言葉です。

梅田　スティーブン・レヴィが書いた、マック開発をめぐるノンフィクションですね。

茂木　イギリスにいるときに英語版で読みました。九五年だったかな、それを読んで深く感動して。それ以来ずっと、テクノロジーやインターネット的メンタリティのシンパなんです。

†世界史の四つ目のリンゴ

梅田　僕とシリコンバレーの出会いもアップルでした。コンサルタントになって本当に大きな仕事を任されたのは、アップルの日本戦略だったのです。一九八九年からですから、二十代の末でした。そのとき初めてシリコンバレーに行って、アップルの人たちと付き合いだしたんですね。それでシリコンバレーに魅了されちゃったんだけど。そのときに一番びっくりしたのは、アップルというのは世界史の中の三つ目のリンゴだという話でした。

茂木　『シリコンバレー精神』に書いてありましたね。あれはすごく図々しい言い方ですよ。でもアップルにはそれぐらいに壮大な気概がある（笑）。

梅田　アダムとイブのリンゴ、次はニュートンのリンゴ、アップルは三つ目。

茂木　ここに四つ目のリンゴが……。（ジャケットを脱ぐと、下からリンゴ柄のTシャツ。）四つ目のリンゴがここに、とジョークを言いたいがために今日は仕込んできたんです（笑）。

梅田　えーっ。四つ目のリンゴを着てる（笑）。ああ、びっくりした。でもこの話をしてよかったな。それで、自分たちは世界を変えると、彼らは言うんですよね。アップル初期の全盛時代といまのグーグルってかなり似ていると思う。若い人たちは「世界を変えるのは自分たちだ」と興奮していて、それははったりではない。マッキントッシュはPCの世界を変えたでしょう。いまから思えば、グーグルの変えた世界はもっとスケールが大きいけれど、でも当時のコンピューティング・リソースから考えたときのアップルのイノベーションというのも瞠目すべきものだった。

アップルの三つのリンゴの話を聞いたときは、頭をぶん殴られるような感じがしました。日本で生まれ育って、僕は留学経験がないのでほとんどアメリカになんて行ったことはなくて、それでも偶然アメリカの会社に入ってしまってなんとかサバイブしようと思っていたときに、アップルには突き抜けるような明るさがあり、「世界史の三つ目のリンゴ」なんて言っている人たちがいる。ここはどういう世界なのだろうと。僕の原体験は、そういうシリコンバレーとの出会いですね。

†ヒューマン・ネイチャーを理解する

梅田　シリコンバレーでの議論で、「このテクノロジーはどこへ行きたいんだろう?」という擬人化の言い方がされることがよくあります。テクノロジーはどこへ向かって行きたいんだろうということを考える人が、いいものを生み出すというか、本質的な進歩に寄与する。

茂木　それは、イギリス人のある種のディタッチメント(detachment)、つまり、自分自身の立場を離れて公平客観的にものを見つめるという姿勢につながっている気がします。

梅田　僕はイギリスはあまり詳しくないんです。ちょっと教えてください。

茂木　もちろん、誰にも私利私欲はあります。でも、全体としてどういう潮流が生じているのかを冷静に考えるセンスがある。その判断を、個人個人のストラテジーに関連づけながら、制度設計までも含めてかたちづくることが、イギリスの人たちはものすごくうまい。それとくらべて、たとえば日本のIT長者にはそういう感覚が希薄な気がする、少なくともメディアの中で報じられているヒルズ族たちのふるまい方を見る限りでは。

日本のメディアのハイライトのあて方が悪いのかもしれないけれど、IT長者がどこかのアイドル歌手と付き合っているとか、どうでもいいことばかり揶揄《やゆ》的に議論されている。ITが我々をどこに連れて行こうとしているかということに関する感受性が、世界観の中心に来ない。

イギリス的なプラクティカルな感覚というのは、シリコンバレーも同じでしょうが、全体を見て、ある種の必然としての社会運動とか精神運動の方向性を考えるという態度が非常に徹底しているということだと思います。

梅田　ケンブリッジにいらっしゃったのは……。

茂木　九五年から九七年の二年間です。

梅田　そのときに徹底的にそういうことを感じられたんですか。

茂木　感じましたね。エリートたちのそういう感覚を。ヒューマン・ネイチャー（人間というものの性質）をよく理解しているという言い方をしてもいいかもしれません。形而上学的にすぎる「あるべき論」を立てるのではなく、人間というのはこうふるまうものだと理解した上で、人間社会はおそらくこういう方向に向かうだろう、というある種のビジョンや見通しを立てる。そこから、制度設計やルールを考える。

梅田　そのときの人間観というのは、オプティミズムなんですか。それとももう少しペシミズムが入っているんですか。

茂木　イギリスの場合はおそらく、ペシミズムも入っていると思います。ヒューマン・ネイチャーには、もちろんダークサイドがありますから。でも、たとえばオープン・アクセスといった事柄に関しては感度が高いですよね。権威的・閉鎖的なシステムとオープン・アクセスのどちらをとるかといったら、オープン・アクセスをとるでしょう。情報というのはもともと自らが流通したがるもの。

梅田　Information wants to be free.

茂木　そのような、情報のあるべき姿の実現を望みます。一方、もちろんインフォメーションにはパワーがあるわけで、自分だけがあるインフォメーションを持っていることは自らの権威につながる。日本の学者はそれによって生きてきたわけです。ヨーロッパからいち早く知の先端を輸入する。それが自分たちの権威の源泉になる。それによって自分たちが獲得した人事権、学位授与権をもとに、そのサイクルを再生産しつづける。そのような世界を理想とするのか、それともすべての人に公平に開かれた世界を理想とするのか、という人間観の差というのは大きい。

梅田　そこまでイギリスとは違う。

茂木　エリートの理想はそうだと思いますよ。

梅田　『シリコンバレー精神』にも「マドル・スルー」ということを書きましたが、結果がわからない泥沼の中を生き抜くプロセスを楽しむという心根みたいなものが、アングロ・サクソンに特有のものであるということを知って、ああそうだなあ、と思った。あの人たちはすごくゲームが好きでしょう。

茂木　近代スポーツの多くがイギリスで誕生したという事実も興味深い。サッカーもそうだし、ベースボールの元になっているクリケットもそう。テニスや卓球も同様です。ゲームを楽しむという感覚は、偶有性を受け入れるという心性に由来します。どうなるかわからないものを楽しむ。そんな彼らのメンタリティが大きく作用しているのではないでしょうか。

†アメリカの社会風土がそもそも2・0的

茂木　先日、マサチューセッツ工科大学（MIT）「メディアアラボ」教授の石井裕《ひろし》さんが、私がキャスターをしているNHKの番組「プロフェッショナル　仕事の流儀」に出演してくださることになって、いろいろ興味深い話を伺いました。何より、そこでの研究のやり方が「ウェブ2・0」的なことには驚きました。MITでは、博士課程の学生が何から何までを一人で研究するのでなくて、それぞれいろいろな分野に長《た》けた学生たちを集め、組織化する。

要するに、大成する研究者は、自分一人で研究を掘り下げるのでなくて、ビジョンを出す。そのうえで、ウェブ2・0的に皆でワーッとやるんだというのです。博士課程の学生がまずビジョンを出す、という話にも驚いたのですが、アメリカには、日本では評価されないし頭角を現しづらいタイプの人、つまりビジョナリーがいますよね。自分ですべてをこなすわけではないけれど、ビジョンを示す。

梅田　自分では手を動かさなくても、駄目なものは駄目と言って、きちんと方向を示して全体を動かしていくタイプの人はいますね。日本の現場主義はこういうタイプを嫌う傾向にあります。

茂木　そういう人がいないことが、何度にもわたる日本のIT敗戦の原因ではないかと思うんです。ウェブ2・0というのは、アメリカではネットの普及とともに突然変異的に出現したということでは恐らくない。それ以前からアメリカ社会にはウェブ2・0的なオープンさの叡智が根づいていたのではないでしょうか。そうであれば、社会レベルでそうした文化の定着していない日本で、ウェブ2・0と社会との間に齟齬《そご》が生じてしまうのは仕方ないのかな、という気がします。

梅田　インターネットに個がぶら下がっているときの「ぶらさがり方のかたち」を考えたときに、僕のイメージは、日本はぶどうでアメリカはリンゴだというものなんです。リンゴは一個一個が木から直接取れる。ぶどうは房だから、房の奥のほうの一粒を取ることができない。房を取るならまとめて取るし、一粒取るなら一番外に出ているものは取れるけれど、奥のほうの粒は見えないし取れない。組織の構造で言っても、日本はぶどうの房。アメリカはリンゴの木という組織に、個人が一個一個のリンゴ。そういう感じを受けますね。バラバラになっているものをビジョンでとりまとめていくというリーダーシップのあり方が、日本には必要ないんですよ。ぶどうの房だから、ビジョンで動くのでなくて、何かの理由で物事が決まれば、なんとなく房ごと一緒に動く。

茂木　なるほど。そういう日米のもともとの文化差が、インターネットに関しても大きく作用している。石井さんの話でもう一つ面白かったのは、日本でいう競争原理って、たとえば大学でいえば、論文を点数化して何点以上だと教授昇進といった内規があったりする。でも石井さんがMITのテニュア（終身教授資格）をとったときに、どういう審査をされたかというと、「それまで誰も手をつけていない分野を切り拓いたかどうか」ということを、世界中の影響力を持つ一〇人くらいの人からのヒアリングにもとづいて判断されたのだそうです。

そのときに、どこのジャーナル（専門雑誌）に論文を何本書いたかとか、そういうことを言い始めたらおしまいだと言うんです。MITはいままでに六三名のノーベル賞学者を輩出していますが、そこでの競争原理は、ほかの人といかに違うことをやるか、ということなんですね。それに対して、日本は敷かれたレールの上での点数争いにすぎない。MITにみられるようなコンセプト・メイキングを大切にする風土、粗削りでも新しいコンセプトを出すということに最大の価値をおくという文化は、ウェブ社会にみごとに呼応していて、そういう文化が日本にないことが、おそらく日本のネット文化の一つの限界ではないかと思うんです。

梅田　もう一つが、ビジョナリーとは何かということなんですが、僕のメンターというか師匠に、ゴードン・ベルという人がいます。コンピュータ産業の育ての親の一人で、DEC社のPDP/VAXシリーズというコンピュータの設計をした人です。いまはマイクロソフトのリサーチャーなんですが、もう七十代で、シリコンバレーに住んでいます。彼が最近やっているプロジェクトは、「マイ・ライフ・ビッツ」といって、「人間が生まれてから死ぬまで「見たもの」「聞いたもの」「書いたこと」などが全部記録できる時代のソフトウェアとは」という研究プロジェクトで、いまだとかなり当たり前のように思える考え方だけれど、それを彼は九〇年代に一人で言い出してプロジェクトをおこした。

そういう人なんですが、僕が九四年か九五年に彼の家を訪ねた時に、ちょうど彼が買ったあるソフトウェアが宅配便で届いた。そのソフトはフロッピーディスクに入っていて、空気の入った梱包材にくるまれていて、小さな段ボールに入っていた。彼はそれを見た瞬間に激怒する。急にエモーショナルになって、梱包材をはさみで切り刻んだり、段ボールを蹴ったり……。「こんなものは、技術を使えば、いらないんだ。フロッピーも、梱包材も。中身だけが直接PCに来ればいいんだ」と。そういうことをビジョンとして感情的に言うのです。つまり「ソフトも含めたすべてのコンテンツがネットを通して流通しなくちゃいけないんだ」と。当時九〇%の人は「そんなことできない」と言ったけれど、彼は心から怒っているから、そういうことを言い続ける。そういうふうにやっているうちに一〇年経つと、ゴードンのほうが正しかった、ということになる。

シリコンバレーはそういう歴史が重なっているんです。つまり、コンサバティブなことを言うほうが最後は負けるだろう、そのくらい世の中が進歩することが経験的にわかっている。コンサバティブなことを言うほうが陳腐化するだろうなという、逆の常識がある。だから僕なんかも、たとえばブログやウィキペディアを見て、「ウィズダム・オブ・クラウズ（Wisdom of Crowds 群衆の叡智）」だとか「総表現社会の到来」だとか言うのは、そういう逆の常識に導かれているんですね。現時点でウィキペディアだけ見て感想を言う人は「こんな駄目なもので……」となるんだけれど、ビジョナリー志向でモノを考えようとする人は、これは何かの「芽」に違いないと考える。

ＩＴの世界には昔からずっと、こういう何かの芽は大きな筋として正しければかならず育つんだという確信がある。シリコンバレーで僕はそれを学んだ。日本には存在しない感覚であり、それが良き大人の態度なんです。筋が良いけどまだ小さい芽に対して、欠点をあげつらって近視眼的に叩くようなことを言えば、言っているとき少し利口に見えます。でもいずれ必ずしっぺ返しを喰う。そういう確信を大人がきちんと持っているということなんですね。

茂木　今後ウィズダム・オブ・クラウズ（群衆の叡知）などのいろいろな可能性が開かれていきます。一般の人々のふるまいかた、考え方、世界観などが、これから変わってくる。最近、吉本隆明さんと対談したのですが、吉本さんも似たようなことを言っていました。「大学の先生が何かエラそうに講釈をたれる時代は終わった」と。吉本さんはインターネットを使わないけれど、リアルに時代の潮流をとらえていて、「市民大学などで大学の先生が市井《しせい》の人を前に、エラそうにしゃべっているのはおかしい。ほんとうに生涯教育とかいうのなら、大学の先生をずらっと一列に座らせて、そこに、市井の人を呼んできて、そういう人たちに『私は人生でこういう仕事をやって、こういう経験をしてきた』といったことをしゃべらせるのが、本当の生涯教育だ」と。そうした一億人分の知識がまとまるとすればたいへんなことですよね。

梅田　最近は、そのまとまり方のスピード感が想像しているより速い。可能性の場が開かれた瞬間に、みんながどんどん出し合った知恵が一気にまとまる。ネットがらみの予想については、多くのＳＦでの予測より現実がたぶん先に進むだろうと思います。ところが物理的な、リアルの世界がからむものは、ＳＦより現実が遅く進むでしょう。ネットとリアルは時間感覚がぜんぜんちがいます。ネットビジネスの世界はドッグイヤー（七倍速）と昔からいわれてきたけれど、ビジネスのことも何も考えなくてよいネットの世界というのは、七倍どころでないスピードで進化していると感じます。

†リアルがかかわった途端にスピードが遅れる

茂木　インターネットというメディアが生まれて、それに人間の脳が、そしてメンタリティが追いついていくのには、意外とタイムラグがある。ネットの技術的な進歩と、それを追う人間のメンタリティの文化って、なかなかシンクロしない。

梅田　時間かかりますよね。ネットの世界が進化するスピードに比べて、人間の心との相互作用も含めて、リアル世界がからんできてどうか、となると、想像以上に時間がかかるでしょう。リアル側がかかわった途端に、ものすごくスピードが遅れる。たとえば、いまネット上に情報が溢れている。それは新聞とか雑誌のようなメディアにインパクトがありますね、と総論はそうなんだけど、そんなに簡単に新聞や雑誌がなくなってしまうなんてことは起こらない。相当長い時間がかかってゆっくりその関係が進化するでしょう。だから、変化を仕掛けられたメディア側も、時間がそれなりにあればだんだん知恵も働くから、事業が変化に対応していくんだろうと、そんな感じですね。

茂木　僕はやはり脳を探究しているので、人間の脳がどういう影響を受けるかということに関心がある。その動きは非線形を描くというべきか、要するに予想がつかない。しかし、なにか人の認識構造に変化を起こして、社会との関係に変化をきたしていくのではないか。ではその結果、さまざまな社会システムがどういうふうに変化を起こしていくのか。そういう問題に関心があります。

梅田　社会組織とネットのかかわりでいうと、先ほどのオープンソースにもどりますが、オープンソースが出てきた頃から、僕はずっと見続けていて、「こんなものは絶対うまくいかない」と、ほぼすべての人が言い続けたことが、ぜんぶ起きたのを見てきました。「ハーバード・ビジネス・レビュー」(邦訳は二〇〇五年一二月号)に、リナックスのサーバーへの侵入がくい止められるプロセスと、トヨタ自動車の関連会社アイシン精機の刈谷工場というところの、火災の際の復旧プロセスを比較した論文が載りました(Philip Evans and Bob Wolf, “Collaboration Rules”)。

あるとき刈谷工場で火災がおきて、そのあと特にトヨタの経営の中枢が「こういうふうにサプライチェーンを直すんだ」と指示しなくても、協力工場同士などで情報を共有しながら、一週間くらいでフル稼働にもっていったというプロセスを、リナックスの侵入阻止プロセスと比較して論じていて、それらが「酷似している」という分析でした。その論文は「酷似している」というところで終わっているのですが、僕がそれを読んで痛感したのは、トヨタ自動車の仕組みのベースにある人間の心というのは、仕事の使命感や職業倫理だと総括すればちょっと美しすぎで、やっぱり「企業と雇用」という仕組みの中での「きちんと対応しないと評価に影響するといった恐れ」や、協力関係の会社の「ここでちゃんとやらなかったらビジネスの将来に影響するという思い」など、成し遂げた人々の心の中に少なからず「負のモチベーション」があったと思うんですね。

それに対して、リナックスのほうは、統制という概念はいっさいなく、動機は自発的な使命感であり、楽しさである。トヨタのほうは、基本的にはビジネスという仕組みのなかの最適化。人のモチベーションがかなりちがう。だけど、学者がそれらを分析して比べてみると、そのちがう心を突き詰めた先のベスト・プラクティスにおいては、表面的な動き方は全く同じということになった。この例などは、オープンソースの進化について絶対に想像できなかったことです。

†新しいものを賞賛する精神が社会にあるかないか

茂木　日本発で世界的なパラダイムを確立できるものってありますかね？

梅田　これからはあると思いますね。それは若い世代からしか出ない。サイエンスとかものづくりの世界ならば、上の世代にも力がありますけれど、インターネットがらみで限定したら、これは若い世代以外からは出ないでしょう。彼らは個々に見ると欠点もたくさんあるんだけれど、そういうことには目をつぶって僕は応援する。

茂木　梅田さんは、社会的なバックアップ体制が必要だと思われますか？

梅田　バックアップ体制と言ったときに、官僚的なロジックでお金をいくらいくら出して、というのは全然だめで、本当に必要なバックアップ体制って、社会における精神なんですよね。欠点を含む小さな芽に対して「良き大人の態度」が取れるかということ。ここがいちばんのボトルネックです。日本は新しいことをやった人を賞賛しないですね。それが根源的にまずい。新しいことがはじまると最初は不安だし、何か既存のやり方や既得権にさわっていくという直感から、危険性をまず指摘する。それがよくない。日本はその度合いが強いです。

たとえばグーグルとは何なのかということを皆が知ったときに、「グーグルはけしからんじゃないか」という反応がいきなり強くて、僕はちょっと驚いたんです。グーグルのあり方や、これからやろうとしていることについて、議論すべきことと批判すべきことがないわけじゃありません。でも、グーグルが達成したことについての理解や評価をきちんとせずに、世に出てきた新しいものについていきなりノーと言うという感じが、米国に比べて日本ではものすごく強かった。メディアも本来オープン性があるべきものなのに、自分を脅かすものにたいして深く考えずにノーと言ったら、メディアじゃなくなっちゃう。

茂木　旧来のメディアも、グーグル的なものと共同作業することを学ばないといけないですよね。

梅田　ロイターのCEOが日本経済新聞の取材を受けて「当社はグーグルと早くから親密関係を築いた結果、グーグル経由で我々のサイトに来る利用者が非常に多く、サイトの広告媒体としての競争力につながっている」（二〇〇六年一〇月一五日）と答えているのが象徴的なんだけれど、日本のメディア幹部のプライドがそういう感覚を許さないのではないかと思いますね。

茂木　「世の中」はそもそもグーグル的な偶有性にみちているものです。だからたとえば日本の学校教育のような、与えられた教科書をひと通り覚えれば世の中に出てだいじょうぶという考えではうまくいかない。こうした日本の制度や発想が多くの局面で機能不全に陥るのは目に見えています。
インターネットって世界同時多発的なものだと思っていましたが、違うかもしれない。グーグルは久しぶりに到来した、日本にとっては幕末以来の「黒船」かもしれません。日本のエスタブリッシュメント、あるいは中枢にいる人たちにそれが不愉快だということはよくわかります。けれども、文明の力動には結局逆らえない。

梅田　グーグルを含めネット世界で総体として起ころうとしている大変化の雰囲気は、幕末から明治にかけての気分に近いんだと思います。それはリアル世界にも大きなインパクトを与えます。でも全体として、黒船が来たことに対する知的作業というのを放棄しちゃっていますよね、いまの日本社会は。新しく生まれた大きな存在に対して、「気に入らない」と言っていると何とかなってくれるんじゃないかと思っている。もう後戻りできないほど強力な力が働いているのだから、そのことを前提にどうやっていくか、という議論を本当はしないといけない。それなのに、企業も政府もメディアも、そういう頭の使い方をする人が少ない。そこがちょっと残念です。

茂木　どんなものでも、新しく出てきたものは毒性が強い。酸素も、地球上に最初に発生したときは生命にとって猛毒でした。生命というものは強靭で、その毒がゆっくりと薬になっていく。いま我々は、酸素なしでは生きていけない。ネットも最初の時期には毒性が含まれるけれど、それがいずれ克服されて薬に変わっていく。薬というか生態的に有効な機能へと転じて行く。それは、生命運動としての必然ですね。

梅田　たしかにいま、ネットにはいろいろ危険性がある、子どもを遠ざけたほうがいいとか、いろんな議論がありますが、そういうなかで考えないといけないのは、ネットというのは鉄道や自動車や飛行機ができたときとすごく似ているということです。たとえば、鉄道ができたばかりの頃は、知らないで線路にふらふらっと出て事故にあう、あるいは、自動車でも初期は事故で死んでしまうということがしばしば起こる。事故が起こるから、自動車をやめようというのでなくて、こういうルールで運転しようとか、歩行者はここで飛び出しちゃいけないというような教育を徹底的にして、自動車という便利な道具とつきあってきたわけでしょう。

ネットも全く同じで、ネットで何かいやなことを書かれて傷ついたということがきっかけで、不幸で悲しい事件も実際に起こるのだけれど、それを乗り越えていかなければならない。いまはまだ犠牲者が出ている試行錯誤の時期だと思います。新しい道具で、しかも強力な道具だから。それがあることを前提にリテラシーを身につけてサバイブしていかなければならないと思います。

第2章　クオリアとグーグル

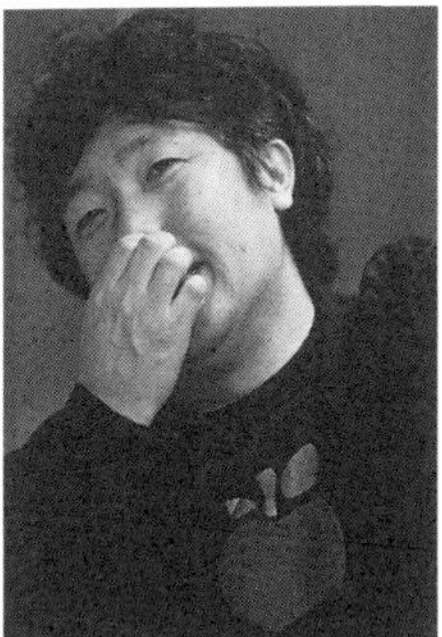

†アメリカにいるときは弱者の視点

茂木　梅田さんは普段から日米を往復されて、日米の温度差、文化的な差異をどのように感じていますか。

梅田　僕は日本の大企業の経営についてのアドバイスを一八年ほどしていて、シリコンバレーに移って一二年ですから、向こうで起こっている話をどうやって伝えようかといつも考えています。日本とシリコンバレーは水と油の関係にあるので、融合したければ、混ぜるためにいつも振っていないといけないのです。振る努力をやめてしまうと、すぐに分離してきてしまう。

ところで僕は茂木さんのブログ「クオリア日記」をいつも拝見しているのですが、茂木さんのような生活を毎日続けることは僕には絶対にできません。つまり、いろんな方とお会いになられて、いろんな刺激を受けて朝から晩まで仕事をずっとされていて。僕はそれがだめでアメリカに行った、というところがあります。年に五、六回、主にクライアントとのミーティングのために日本に来ますが、そのときは茂木さんのような忙しい生活なんです。朝七時半の朝食ミーティングから始まって分刻みのスケジュールで、ホテルに帰るのは夜遅くです。一週間くらいで身体が悲鳴をあげてしまう。

一方、ブログがブームになって皆がブログを書き始めてから、アメリカではほとんどネットの脳内空間だけで暮らしています。二〇〇二年からアメリカの国内線の飛行機には一度も乗っていません。わざとやっているんです。実験を始めたのです。ネット上での経験とリアルの経験のうち、リアルをやらないといけないところがあるなら、いけないでしょうがない。飛行機に乗るのは休暇でヨーロッパに行くときと、日本出張で往復するときだけで、アメリカの国内線には乗らないと決めた。カンファレンスはブログで誰かが書いているもの、映像でネットに出てくるもの、そういうものを読んで聴いて考えています。九四、五年から二〇〇一年ごろまでは、ほとんど全部の大切なカンファレンスに物理的に出ていたのですが、これをどこまでネットで代替できるかという「人体実験」を、五年くらい続けてやっています。

茂木　梅田さんはウェブ2・0生活を実践しているんですね。衝撃的に新しい。未来志向の試みだと思います。我々も脳科学の会議に行きますが、会議ってその場に物理的に制約されてしまいますので、メタな視点を獲得しづらいですよね。その場に現れない視点までは網羅できないというか。

梅田　それから効率が悪すぎる。

茂木　会議自体がオールド・テクノロジーになってしまっている。

梅田　みんなフェイス・トゥー・フェイスであることがものすごく大きな価値なんだと言っているし、僕もそう思っていたんですけれど、あるとき、本当にそうかな？　と思って。フェイス・トゥー・フェイスだからというだけで、本当にコミュニケーションが取れているのか、ネットでどこまで代替できるか試してみようと思い始めた。ブログのコメントなんかでもかなりコミュニケーションが取れるし、結果が文字で残る。

じつは、アメリカで生きる僕の視点は、弱者の視点でもあるんですよ。カンファレンスみたいな場では特に、英語がかなり上手でないとけっこう弱者ですよ。そういう弱者の視点でアメリカに住んでいると、全然見えるものが違ってくる。日本に帰ってくると、日本語でインパクトのある言葉を使って意味のある議論を引き起こしたりできますが、アメリカのカンファレンスの場で、僕くらいの英語じゃ、とても自分が考えている深いことを一〇〇％きりっとした言葉にして大向こうをうならせる自信はちょっとありません。

あるいはフェイス・トゥー・フェイスでコミュニケーションをとっても、まあだいたいわかるけれど、記録には残らず記憶が頼りになる。でもネットだと文字や音でそれが残るから、もう一回見たり聴いたりすることができたり、ある人のスピーチについていろんな角度から多くの人がしゃべっているものが読めるなど、再現性に加えてある種の俯瞰《ふかん》性も得られる。そして、大切な情報は全部そのまま保存することができる。「資料なんでも持ち込み可」の試験みたいなイメージになるわけですね。僕は、自分がアメリカで経験している弱者の視点というのがとても大事だと思っていて、そういう観点でネットと社会の関係を考えていき、ネットの可能性はとてつもなく大きいと発見したんですよ。

茂木 物理的な身体の移動を伴う会議は、いまやインターネットによって補完されて初めて完結するのかもしれませんね。

梅田 僕は専門性を定めて目的を決めた上でネットと対峙しているけれど、茂木さんの場合、人に対して偶有性を求めて世界をさまよっているみたいな感じがありますよね。僕はいまアメリカで引きこもっている時期なんですよ。この間、うちの車のマイル数を見たら、全然増えていない。しかも国内線にも乗らないということは、要するに、家かオフィスのどちらかにいるということなんですね。だいたいネットに一日八〜一〇時間、そこで偶有性を求め、あとは考え事をしたり本を読んだりしている。

†ネットで情報を集めるのはアスリート的

茂木 ネットをサーフィンして情報を集めるというプロセスをアスリートのメタファーでとらえると、じつはとてもハードルの高い行為のはずだと思うんです。ネットってユルいメディアだとみんな思っているけど、ネットに向き合っている時間を本当に効率よくして生産性を上げるために、クリックするのと読むのとコピー&ペーストとダウンロードという一連の動作を最適化しようと思ったら、相当に労働集約的なセッションですよ。

梅田　僕はかなりいいところまでいっていると思います（笑）。

茂木　でしょ？　梅田さんはネット・アスリートですよね（笑）。そうでなければ『ウェブ進化論』みたいな本は書けないと思う。みんな誤解していると思うんですよ、ネットの使い方って。たとえば、そもそもどういう単語でサーチしているのか。検索語がその人のイマジネーションの限界を表します。ネットの潜在力をうまく最大限利用している人って、そんなにいないと思いますよ。

梅田　僕はそんなにグーグルを使わないんですよ。

茂木　えっ、そうなんですか。何を使うんですか。

梅田　要は、「この人たちは大事だな」という人をネット上で発見していくということに大きな価値をおいていて、その人たちのブログやサイトを巡回していくわけです。だいたい日本語と英語のものを合わせて五〇〇人くらいネットの上に友だちや研究仲間がいるみたいな感じなんですよ。五〇〇ぐらいのブログをザーッと見ているわけです。それも、RSSリーダー（ウェブサイトの更新情報を表示するソフト）などをつかって、更新されたものから順に見る。大変なのは、日本に行っている間に溜まっちゃうことです。帰ると数千エントリーは溜まっているから、それをガーッと見ていって、意味があるものを選び出して分類していきます。

それから、僕にはいま共同作業しているチームが複数あり、それぞれ「はてなグループ」という共有空間をネット上に持っています。あるクライアントのあるテーマの仕事はこのグループといった感じで、そういうグループを一〇個くらい持っているのです。よく流行作家の人が、この時代の小説を書くときには別の書斎に移って書くとかいうのと同じように、バーチャル空間にグループウェアが一〇個くらいあります。ブログなどをザーッと読んでいて、「これは、このクライアントのこの仕事の関連だな」と思ったら、その特定のグループにポンと放り込む。その向こうには何人か契約しているコンサルタントがいるから、URLを放り込んでおくと僕が他のことをやっている間に、そっちはそっちで動いていく。また五〇〇人のブログを見て……と三～四時間経つと、いろんなことが進んでいるんですよ。その間に答えが返ってくることもありますし。そういうことが同時並行的に起こっていくんですね。それとくらべて、自分自身が表に出かけると効率がすごく落ちるんです。

茂木　僕も、ネットをやっているときに自分のなかで生じていることは、レム睡眠時に脳の中で起こっていることによく似ていると最近考えます。つまり、レム睡眠時に脳内でいろいろな体験や記憶が高速で整理されていって、意味が見出されていくのと似たような相互作用が、ネットと自分とのあいだで間違いなく起こっている。従来のメディアとはまったく様相が異なります。ネットをやっていると時間があっという間に過ぎますよね。以前はそのことに罪悪感が伴っていました。本当は立派な本や新聞・雑誌があるのに、ネットなんかに時間を費やして俺は何をしていたんだろう、と。ところが考えてみると、本気でネットを使い尽くそうと思ったら……。

梅田　考えられない効率が出ます。だいだい僕は朝四時か五時に起きるのですが、八時までには、昔だったら丸一日かけてしていた仕事が終わっていると感じることが多いです。

茂木　なるほど。思考の密度が上がっている感覚は確かにありますね。

梅田　七時か八時には、昔だったら一日かかっていたなあという仕事が終わって、おもむろに、それからプラスアルファの仕事が始まる。そういう三時間の集中みたいなのが、ときに一日に三セッションあったり四セッションあったり。くたびれたら休むとか遊びに行くということはありますけど、全体におそろしく効率がいいんですよ。たとえば、僕がブログを巡回している専門家たちが「これ読んだほうがいいよ」と推薦する新しいブログ・エントリーが出てくるとする。そうするとその新しいブログの過去のエントリーをザーッと読んでその人の考えを消化して、「これは毎日見る友だちの中に入れよう」というような感じで付け加える。新たに加わっていく人もいれば更新しなくなって消えていく人もいる。それでだいたいホットな五〇〇人って感じでいつも入れ替わっています。五〇〇人の内訳は、アメリカ人が多いのですが。そういうことを日々やっています。

†ユーチューブは確信犯

茂木 最近ネット界に起こった大きな出来事は動画サイト、ユーチューブの登場だと思います。僕がユーチューブに拍手喝采したのは、「リーガル・イシュー(法律問題)なんて知ったことじゃない」とでも言いたげなその姿勢に共感したからです。テレビ局など、いままで著作権を持っていた人たちは当然それを手放したくない。しかし、ユーチューブにテレビ番組のビデオ映像が上がるのは著作権侵害だ、と言うけれど、著作権とかゴチャゴチャ言う前に、自分たちのつくったコンテンツを二度と見られないような状態のまま放置するな、と僕は思う。ユーチューブに文句を言うくらいなら、自分たちでとっととやれよ、と思うんです。

梅田 二〇〇六年は間違いなくユーチューブの年でした。

アメリカの「タイム」誌がユーチューブを「今年(二〇〇六年)の発明」に選んだんですよ。

米国「タイム」誌（2006年12月25日／2007年1月1日号）が選んだ2006年の「今年の人（Person of the Year）」は「You」。同号表紙のパソコンのモニター部分には箔がはられて鏡状になっていて、雑誌を手にもった「あなた」の顔が映る。

それから、同じく「タイム」誌が、「今年の人（Person of the Year）」に「Ｙｏｕ（あなた）」を選んだのです（写真参照）。この「あなた」というのは、ＳＮＳ（ソーシャル・ネットワーキング・サービス）に参加する不特定多数の「Ｙｏｕ」でもあるんですが、ユーチューブに動画を上げる「Ｙｏｕ」であるというわけです。

茂木　ユーチューブの動画の画質はたいして良いものだとは言えませんが、じつはユーチューブ的なものはインタラクティブだということにポイントがある。グーグルももちろんそうですが、脳のもつ能動的な性質にかなった魅力があります。もしユーチューブのあの画面を受け身でずっと見せられていたら苦痛だと思う。でも能動的に、例えば「いかりや長介」とか「ジョン・スチュワート」だとか、自分の好きなものを検索して見るのであれば、ぜんぜん苦痛でない。そこに、ユーチューブの発明があります。

梅田　能動性とおっしゃったけれど、僕は野球が好きなので、あるときメジャーリーグを見ていたら、観客席にエアロスミスのヴォーカリストのスティーブン・タイラーがいる。家内が「スティーブン・タイラーが歌ったアメリカ国歌が一番素晴らしかったのよ」と言うわけですよ。そう言われると聞きたくなっちゃうじゃない。球場で歌ったというのだから、たぶんワールド・シリーズかなんかだろう、録画したワールド・シリーズのビデオが沢山あるから、どうにか探して見てみようと思ったときに、ふと思いついて「ひょっとして、ユーチューブに上がっているかもしれないよ」と家内に言ったんです。家内がパソコンのユーチューブの画面で「Steven Tyler national anthem」と入れたらまさしくスティーブン・タイラーの歌うアメリカ国歌が上がっていて、音がしてきて。僕は野球を見ないでそっちに行って、彼のアメリカ国歌を聞いていました。それはテレビを受動的に見る経験とは全然違う経験でした。

茂木　僕も「ジョーン・バエズ　ウッドストック」なんてユーチューブで調べています。最近では出張に行ったときの気晴らしはユーチューブです。あの楽しみは、従来のテレビとはまったく違うもの。画像が粗くても、それほど気にならない。スティーブン・タイラーの歌うアメリカ国歌をまったく知らないのと、どんなに粗い画質、そこそこの音質の映像であっても、それを体感することができるのとでは、段違いです。世界がいままでとは全く違って見える。そのような認知的変容がいままで封印されて来たんですね。

梅田　また、それを知るプロセスに発見の感動があるから、記憶に残りますよね。

茂木　グーグルがユーチューブを二〇〇〇億円近くで買ったとき（二〇〇六年一〇月）に、日本のメディアもアメリカのメディアも、「潜在的には法的問題をかかえるメディアを買ってしまった」と報じました。しかしグーグルはあれを確信犯でやっているな、と思います。

梅田　ユーチューブ自身が確信犯だし、グーグルはもっと確信犯です。

茂木　ユーチューブをそもそも気に入った理由は、あれがフラッシュ・ビデオ形式だからです。僕はマック・ユーザーですが、普通の動画配信サイトは最初からマック・ユーザーを想定していない。そうでなくても、ウィンドウズ・メディア・プレイヤーのようなメディアに依存しなければいけない。

梅田　ユーチューブはワン・クリックでいきなり見られますからね。

茂木　ああいう細かい工夫の積み重ねがユーザー・エクスペリエンスとしては大きな差になりますね。

梅田　ユーザーの立場に立って技術が積み重ねられている。そういう意味ではコロンブスの卵っぽいんですけど、あれは素晴らしいです。

茂木　将来の課題としては、動画にどんなタグをつけるかが、非常に深刻でもあり、おもしろい問題でもあります。いまはユーザーが勝手にタグをつけているんですよね。

梅田　そこがウェブ2・0。あれはある種の発明で、要するに不特定多数の人たちが勝手にタグをつけることができるという仕組みは、短いプログラムで書けるわけですが、それを作った瞬間にワーッとタグがついた。タグは分類学、図書館情報学に沿ってつけなければいけないという常識をひっくり返した。タグなんていうものは専門家しかつけられないと思うんじゃなくて、誰でもいいから思いついたタグをつけてくれと言うと、いろいろなタグが、それらしいタグを中心に分布する。その全体でなんとなく正しいタグがついたと考えよう、ほとんどコストなんかかけずにねと。この考え方がウェブ2・0を象徴しています。

茂木 最初に僕がそのような仕組みを経験したのは iTunes（アップル社製の音楽管理・再生ソフト）ですね。iTunes はディスクを入れたときに、未登録のアーティストだと自分で名前を入れるでしょう。あれがまず2・0的だよね。

梅田 いまだと、すでにデータが登録されているものが大半だから、ほとんどの人が、データをそういうふうにユーザーが入力できるのを知らないと思う。

茂木 僕はレアな楽曲を聴く機会が多いからかもしれませんが、何回も自分で入れていますよ。

梅田 いまは、ごく普通のCDを買ってきてインポートすると、データベースにもうすでに情報が入っています。僕も小林秀雄の講演のCDを買って iTunes に入れましたが、あれもロングテールだろうけど、すでに入っていた。茂木さんはかなりのロングテールの人なんですね（笑）。iTunes でもユーチューブでも、ウィキペディアにしても何にしても、不特定多数の人が自由に制約なく思ったことを書く、あるいはタグをつける。そうすると間違いが入る可能性もあるけど、直ることもある。

†最初から完璧さを求めない姿勢

茂木　ウィキペディアの正確度を科学雑誌の「ネイチャー」が調べたら、ブリタニカ百科事典を上回ったという報道があって、ブリタニカ側が抗議したそうですね。

梅田　権威だと言われている人にも間違いが入り込む余地は当然たくさんありますという発想ですね。ウィズダム・オブ・クラウズだってもちろん間違いが入るけれど、間違える程度って同じじゃないの、というのがコペルニクス的転回というか。

茂木　最近「サイエンス」誌（二〇〇六年一〇月二七日号）に掲載された「エコノミクス・オブ・インフォメーション・セキュリティ」(Ross Anderson and Tyler Moore, "The Economics of Information Security") という論文を非常におもしろく読みました。インターネット上のテクノロジーを単にテクノロジーとして評価するのではなく、それを使う人間側のモチベーションやインセンティブを含めて議論しないと、システムの性質は論じられないというんですね。

たとえばOSのセキュリティ・ホールについても、その存在を能動的に探すのが良いのかどうかということを研究している人たちがいて、結論としては、セキュリティ・ホールをアクティブに探すことは良くないと。なぜかというと、アクティブに探したところで、その後にまた新しいセキュリティ・ホールが発見される確率は減らない。その周辺にまた何か見つかるし、そこに注意が向かってしまうとハッカーにつけ入られる隙が生まれやすい。たまたま見つかれば、パッチを当てればいいけれども、アクティブに探してパッチを当てても結局のところ意味がないということが書いてある。

それから、アプリケーションにしても完全にバグなしのものがなぜ出来ないのかというと、要するに経済合理性の観点からも、まずバージョン・ワンをリリースして、その後バージョン・スリーを出すまでの間にバグを改善するというふるまいのほうが、消費者側にとってはありがたい。膨大な時間やコストをかけたうえで完全なバージョンとして商品化されるよりも、そこそこ使える質のものをパッと出した方が歓迎される。こうした人々の欲求を見定めたうえでなければ、そもそもインフォメーション・システムなど議論できない。

「エコノミクス・オブ・インフォメーション・セキュリティ」みたいなセンスの論文は、日本からはまず出てこないのではないでしょうか。たとえばウィキペディアにしても、日本のアカデミズムは往々にして権威に対する挑戦としか見ない。だから腐《くさ》すことしかしない。「サイエンス」誌のこの論文の特徴的なところは、「ネイチャー」のウィキペディアに関する論文と同様、非常に冷静であり、実証的なのですよ。

梅田　彼らはわざとウィキペディアに間違いを書き込んでみて直るかどうかを見るとか、そういう実証的なことをやりますよね。

茂木　僕はじつは、日本と欧米のウィキペディアに対するアプローチの違いに、ちょっと懸念を抱いています。英語圏では、議論が分かれることについてはウィキペディアの本体には書かないという原則がある。たとえば人物について、本体部分にはその人が何をやったかという「事実」を淡々と書く。ところが日本では、本体部分にも書き手の価値判断が入ったことが書かれることが往々にしてある。英語圏でのパブリックなものに対する感覚は、やはり見習うべきものがありますね。もっとも、日本でもこれだけ膨大な人がブログを書くようになったということは、日本人がパブリック・ライティングの訓練をする、歴史的な教育機会だと思います。

梅田　ブログの質は全体として明らかによくなってきていると思います。良いものを書ける人が参入してきている、ということもあるでしょうが。

茂木　「ウィズダム・オブ・クラウズ」の問題ですよね。先ほどのタグの話も同じですが、完全なブック・キーパーがいて、その人が完全なインフォメーションを提供するという事態は、フィクションの世界ではありえても、現実世界ではありえない。

梅田　現実世界では、いままでは不特定多数の人がワーッとやれる場をローコストで用意できるインフラがなかったから。でもインターネットがその前提を変えた。それによってタグの問題も出てきたし、オープンソースの問題も出てきた。インターネットの世界で「ラフ コンセンサス アンド ランニング コード（Rough Consensus and Running Code）」という言葉があります。おおよその合意、ゆるやかな合意、つまりラフ・コンセンサスですね。最初の合意形成はそのくらいゆるくして、動くコードを作ろうと。最初にスペックをガチっと決めてトップダウンでモノを作っていくのではなくて、だいたいのコンセンサスができたら、後はとにかく動くものを作って、それで標準が決まっていく。そのあとはだんだん進化させていこうという考え方です。そういうある種のいい加減さ、最初から完璧さを求めない姿勢、だけど早く大勢の人の知恵を集める仕組みが、現代的な気がします。

茂木　使えるものは不完全であっても使っちゃうという発想は生物と同じ。生命のプロセスは意外といい加減です。細胞内のミトコンドリアが好例で。最初は別個の生命体として独立した存在だったのが、細胞内に共生するようになった。ミトコンドリアを体内に取り込むことで、われわれ生物は、酸素から運動エネルギーを得られるようになったのです。進化自体もDNAのコードの写し間違いによって起こる。インターネットの上で起こっていることって、じつは生物システムの動作原理に近いんですよ。

†ポスト・グーグルは何なのか

茂木　そろそろマイクロソフト帝国の終わりが始まったというべきか、いずれにせよグーグルの時代に入りましたよね。これは数年前には予想できなかったことですが、ポスト・グーグルも当然あるわけですよね。

梅田　ポスト・グーグルまではちょっと時間がかかるでしょうね。

茂木　でも、マイクロソフトのときもそう思っていたわけじゃないですか。マイクロソフトの帝国を超えるものはなかなか出ないと。

梅田　ただ、一年二年じゃなかったですね。最盛期が一〇年は続きました。

茂木　一〇年はグーグルの覇権が続きますかね。あのころ、マイクロソフトにはサンとかオラクルとか、いろいろ対抗軸があったけれど、結局、ダメだったでしょう。

梅田　全然違うことを考える人が出てこないと。世代論で言うと、いまの中学生くらいから出てこないと。

茂木　グーグルの出現は予言されていたと言えますか？

梅田　グーグルは予言されていなかったかもしれないな……。がつんというパラダイムシフト以外なら、一〇年先ぐらいまでは見えるんでしょう。一〇年先ぐらいまでの芽というのはどこかにあるから。いろいろな芽を丹念に見ていくと、ある程度わかるのだろうけれど……。例えばマイクロソフトが上場したのは一九八六年なんですよ。創業は七五年。創業してから三〇年経っているのです。

茂木　上場からは二〇年か。

梅田　グーグルが上場したのは二〇〇四年です。

茂木　すると、二〇二四年くらいまでは、パックス・グーグルだと。

梅田　進化速度が速いから「上場から二〇年」とは言い切れないけど、マイクロソフトが対抗軸として倒してきたいろんな会社を思い浮かべると、グーグルにとってのヤフーなんかがちょうどアナロジーとして似て見えますね。

茂木　グーグル的なものにも、未開拓の領域っていっぱいありますよね。

梅田　あります。でも、ちょっとしたことだとグーグルに吸い込まれていくんですよ。グーグルが正しく経営できさえすれば。その意味でユーチューブにグーグルが巨額の金を出したのは正しいと思ったけれど、普通のものは吸い込めるんですよね。グーグルの枠の構え方が大きいから。

茂木　マイクロソフトってまさにどんなものも吸い込むブラックホールのように見えていたんですよね。

梅田　マイクロソフト周辺のソフトウェアも、ある時期まで全部マイクロソフトに吸い込まれていきました。パラダイムがバーンと変わって、マイクロソフトがグーグルを吸い込めなかったのと同じように、グーグルが吸い込めないような新しい何かが出てこないと、ポスト・グーグルは難しいでしょう。

茂木　現時点においてそれを想像することは、卓越したビジョナリーでも無理かもしれませんね。

梅田　責任を持ったコメントではなく例として言えば、グーグルはインターネットの向こう側に、かなり集中したインフラを作っています。それが分散してくると、本当にワケのわからないものになって、それがP2P（ピア・トゥ・ピア、ネットワークで接続された各PCが互いにファイルを共有しあうネットワークの形態）ではないかと言っている人はいます。グーグルは六〇万～七〇万台のコンピュータを密結合にして向こうに置いている。だけどもう既に世界中のPCのインストールベースは一〇億台以上ある。一〇億台ものPCのほとんどのリソースは使われていない状態にあるんだから、そこの全部を使いながら、もっとすごい情報インフラができると。

茂木　いわゆるグリッド・コンピューティング（ネットワークを介して複数のコンピュータを結んで仮想的に高性能コンピュータをつくること）みたいなものが本当に出てきたら……。

ただ、そのためのキラー・コンテンツが見つかっていない。P2Pで、分散計算ソースを使ったグリッド・コンピューティングの「これ」という応用の可能性はまだ見えませんね。

梅田　もしキラー・アプリケーションが検索エンジンだとすると、「それを分散でやるにはどうしたらいいの?」という話はあるし、そういう研究をやっている人はいるけれど。それがすぐにグーグルをひっくり返せるかというと、それはたくさんある仮説の中の一つにすぎなくて、たぶんそれとは違うものになるだろうな、という気がしますね。

†サーチとチョイス

梅田　茂木さんは、心のなかで感じるさまざまな質感、すなわち「クオリア」の問題を研究していらっしゃいますが、その「クオリア」と「グーグル」的なるものとは、対立するものと考えていらっしゃるんですか。

茂木　神経経済学的な観点からいえば、ウェブ上の経済行為は、サーチ(探索)とチョイス(選択)の両方がないと完結しない。たとえばグーグルで検索をすれば、その結果が上位から下位までつぎつぎ出てきますよね。でも、検索エンジン側は、もちろん文脈をつけたりナローダウン(絞り込み)することまではできるんですが、最終的にどれを選ぶかというチョイスは、ユーザー側がやっていることですよね。そこに、まさにクオリアの問題がかかわってきます。

梅田　直感力ですよね。

茂木　そうです。そのチョイスを人がどう行っているのかということが、ネットにおける一種の外部性として立ち現れるわけで、僕の理論的な読みの中では、ポスト・グーグルはサーチだけではなくてチョイスの部分も含めたパラダイムなのかなと思ったりします。

梅田　グーグルの圧倒的達成は、イメージの手前の文字に対する検索エンジンですよね。いまのグーグルの検索ビジネスのすべては。そこを前提にしているから上手くいっている。グーグルで検索して出てくる上から二〇個というのは、もし上から二〇個の一個ずつを長い時間かけて読まなければいけなかったとしたら、役に立つとみんながあんまり感じなかった可能性がある。とにかくパッパと見て、二〇個目くらいに初めて「あ、これがいい」というのがあっても、「グーグルは便利だ！」とみんな言ってくれる。グーグルが提供しているのがサーチ、それから人間が無意識のうちにチョイスしている。これを合わせて「グーグルはすごい」とみんなが脳内で感じている。

茂木　じつは人々のチョイスが、グーグルを最終的にグレートにしているんですよね。

梅田　映像の場合、チョイスするためには時間をかけて観ないといけない。そこが映像サーチの一番の問題点です。

茂木　それこそ、ユーチューブが解かなくちゃいけない問題だ。

梅田　そうです。

茂木　やることがいっぱいありそうですよね。ここはシリコンバレーの天才たちにがんばってほしいな。チョイスの部分というのは、いまわれわれがまさに解明しようとしている無意識や感情の働きに関わります。神経経済学でも、そこがかなりの難問なんです。ＡＩ（人工知能）のアプローチでは決して解けない問題です。その一方で、僕たちにとってのグーグルの最大の衝撃とは、「ＡＩにも、まだこれだけの可能性が秘められていたんだ」ということでもある。

われわれ研究者は、古典的なＡＩというのはもう終わっていると思っていたのですが、それは間違いだった。実際グーグルがつかっているのは、グッド・オールドファッションのＡＩ（good old fashioned A.I.）で、それでも役に立つサーチエンジンができた。

過去二〇年くらい、脳科学者たちは「身体性が重要だ」ということを言い続けてきたのですが、どうやら風向きが変わった。グーグルが出てきた瞬間に、ロボットの見え方も変わった。いまつくられているエンターテイメント・ロボットって全部飽きてしまう。飽きないロボットをつくることができれば素晴らしいけれど、その際の鍵は、エンボディメント（身体性）ではない気がするんですよ。むしろインターネットに結んで、バーチャルな情報と接続することが飽きないロボットをつくる近道のように思われる。
　グーグルが実装したのは、リンクの数で判断するというきわめてシンプルなアルゴリズムだった。「目利きがいて評価しないといけない」とかそのような特別な仕掛けは必要なかった。ある意味では、人間の知性の価値に関するロマンティックな思い込みが、グーグルのページランク・アルゴリズムの前で敗れたとも言える。
　やれることを全部やるというのがグーグルの精神でしょう。しかも、まだやるべきことがたくさんある。動画の検索だけをとっても、当然それこそ「可能無限」（156ページ参照）にやるべきことがありますし、きっとまだサプライズがありそうです。

梅田　ありますよ。だって、映像を理解してそれに合わせた広告を挿入するという技術はまだないわけですから。本当にビジネスモデルをつくろうとしたら、そういうところまで……。

茂木　おそらくシリコンバレーにはそういう将来を見越したベンチャーがいっぱい立ち上がっているんじゃないですか。

梅田　これからどんどんできるでしょうね。さっき議論したように、パラダイムを変える技術と、グーグルに吸い込まれる技術がありますが、その程度のものは吸い込まれるんだろうな。

†グーグルとクオリアは二つの別の世界

梅田 僕はいろんな意味で「二つの別世界」仮説を持っているんですよ。すべては「二つの別世界」化していくと。例えばリアルとネットは別世界。グーグルとクオリアは、対立軸というよりは別世界。行ったり来たりするものであると。二四時間をどういうふうに行ったり来たりするのかということがこれから問われる。僕はネットの中に長い時間いるから、逆に、将棋の盤や駒のいいものがすごく欲しくなるんですよ。将棋を並べるときくらいはネットから離れてやりたいと。パソコン上にも将棋盤はもちろんありますが、画面上で駒を動かすのと、カヤの盤の上でツゲの駒を動かすのとでは全然違います。

茂木 僕自身、自分の内に大きな矛盾を抱えているんですよ。「二つの別世界」とおっしゃいましたが、僕はインターネットのヘビー・ユーザーである一方で、アインシュタインやニュートンがやったような古典的な知の世界をどこかで信じているところがあって。グーグルは、脳科学や認知科学をやっていたような立場からすると、ほんものの人間の知性からは程遠いものであるんだけれども、だからこそその「別世界」の中でやるべきことは無数にあって、それはそれですごく楽しいんですよ。

僕は高校のときに「ライフゲーム」のプログラミングなんかもやっていたんですが、あれは本当に楽しかった。その一方で、知の原理主義者としての自分がいて、こちらはクオリアとか文学だとかに通じる人間の精神的価値に殉じている。本当に、どうしようもないなあ、簡単には融合できないなあという分裂した世界。それでも、中途半端はいやなんだと思います。グーグルみたいに突き抜けちゃっているヤツは肯定するんだけど、中途半端なものに対してはものすごく反感を覚える。

†コンテンツ側は消費されていく?

茂木　ネットにはエキセントリックな意見って結構ありますよね。自分のブログのコメント欄にも、ものすごくネガティブな意見が来ることがあって、そのたびにいやな気持ちになっていた時期もあるのですが、あるときに気づいたんです。それは脳の神経細胞における結合みたいなもので、ネット上にもプラスとマイナスがたとえばそれぞれ五〇万件あると考えるのがいい。ある人に対するポジティブな評価とネガティブな評価があって、そのパターンがその人の個性をつくる。

このことに気づいたのは、良かったんですが、他方で、個人が一つのビットになってしまうような淋しさがある。ネットの世界では一個一個の存在が、ポートフォリオの中の一つの要素にすぎない。そう思うと、いいような悪いような……。

梅田　立場が変わって、自分がポートフォリオの一つ、確率論的な存在になるとすると、抵抗があると。

茂木　つまり、自分にとって本当に大切なことを書く時には、おそらく僕も梅田さんも、匿名の巨大掲示板に書くことってないと思うんですよ。どうして我々がそういう感覚を持っているかというと、どんなに力を込めて書いたとしても、それは確率論、ポートフォリオの一要素として消費されてしまうという感覚がある。たとえば北朝鮮問題や中国の問題について、どんな極端な議論をしたとしても、それはネットの上の広範な言説分布のなかの一部分に位置づけられる、単なる一つのスレッド、エントリーにすぎない。そう思うとむなしい気持ちですね。

梅田　僕とか茂木さんは幸いなことにもう少しプレゼンスがあって、違う形で世の中に対して表現ができるというもう一つの世界を持っているから、相対的に「ネットだと消費される」という感じを持つのかもしれないけども、世の中の圧倒的大多数の人々にとっては、そこに参加できるということは、いままでのゼロから比べるとすごく大きい。

茂木　ただ、そこに読み手と送り手の間の感覚のズレがあるのではないでしょうか。書く側はいろいろな想いを託して書くわけでしょう。それこそ自分の全存在のウェイトをかけて。ところが読む側、コミュニティ側は単なる一つのエントリーとして消費してしまう。

なのに、それが自己実現だと思っている人がいると思うんですよ。

梅田　僕の感じは少し違って、仮に消費されるにしても誰かの心に残る。結果として何が起きるかというと、ある種の社会貢献、社会への関与ですよね。自分の考えをおもてに表現する。そういうものを発信する人の数が何百万になる社会は絶対にいまよりもよいと思う。でも茂木さんはそれを、「システムの一人勝ち」ととらえていらっしゃるわけでしょう？

茂木　そういう感覚に近いですね。

梅田　要するに、システム側にいない、コンテンツを作る人というのは、みんな消費されていくものだと。個人にとっては悪戦苦闘の結果が、システム側にとっては流通させるべき「素材」に過ぎないという「システム一人勝ち」状態。

茂木　僕は東京藝術大学で週に一回講義しているんですが、芸大の学生たちにも、「君たちは下手をすればシステムが一人勝ちをするような時代に入っていくということを、コンテンツを作るうえでも、ちゃんと考えたほうがいいよ」ということを言っています。

梅田　映画「マトリックス」の電池みたいになっていくということでしょう。システムがみんなとつながっていて、みんな違う夢を見ている。だけど生体はシステムの維持のためにある。

茂木　SNS（ソーシャル・ネットワーキング・サービス）なんてまさにそうで、みんな一生懸命日記を書いたりコメントしたり、ミクシィでいうと足跡を残したりして、パーソナルな自己の表現をしている。そして、友だちができればいいなあ、出会いがあればいいなあと思ってやっているのだけれど、運営側からすると「シメシメ」と思っているわけでしょう。そうやってデジタルの1ビットに回収されていく。

梅田　僕が一番最初にブログを書いたときに、そのことをけっこう考えました。なんか、取り込まれた感じがしたんです。茂木さんはブログを書いていて感じませんか？　僕は最初、グーグルにやられている感がありました。

茂木　グーグルに搾取されているということですか？

梅田　要するに、いいことをいっぱい書くと、グーグルが賢くなるんですよ。

茂木　グーグルを教育してやっているんだ（笑）。

梅田　そう。たとえばあるときまで「ロングテール」という言葉を検索エンジンに入れたって日本語の説明はなかったけれど、僕がガンガン書いたから、グーグルで「ロングテール」というところに行く人がまた増え、ロングテールについて書く人が増え、グーグルの検索結果が充実する。

茂木　「ロングテール」の「時価総額」を上げたんですね。

梅田　そうそう。「ロングテール」という言葉の価値を上げるとか、それからシリコンバレーの話だって、僕が異常な量を書いていなければ、そんなに増えなかったりとか。グーグルが賢くなるんですよ、僕が一生懸命書くことによって。茂木さんがクオリアについて書いていても、結局おなじ。最終的に検索エンジンが賢くなるんですね。毎日毎日賢くなっていくんです。検索をするということに連動して事業価値が創造されるから、グーグルは賢くなるほど儲かる。一年前よりいまのほうがグーグルは賢いわけだけれど、それに寄与しているということに、僕は一番抵抗感があったんですよ。消費されて、やられている感。

茂木　その段階は、もう超えたのですか？

梅田　超えました。僕がグーグルを賢くしてやるんだよ、と開き直った（笑）。「マトリックス」の電池になってやろうじゃないかと。それが僕の社会貢献の姿なんだとね。その代わり、自分のリアルライフはクオリアの世界ですよ、まさに。それは誰にも渡さないぞ、と。だけどネット側でものすごく効率のいい生き方をすると、そっちを早く切り上げて、リアル側で過ごす時間が長くなるというのも事実なんですよ。

†ネットとの付き合い方がその人の個性

茂木　インターネットをグーテンベルクの活版印刷技術の延長だととらえる人が多いようですが、むしろ、個人のキャラクターを際立てる場というか、自分とは何であるかということを説明するインフラが社会的にできたということの意味が大きい気がする。それがわかっている人とわかっていない人の差は大きい。芸大で教えていても、「私は芸大生だ」と自分の肩書きに頼ってモノを言うヤツは本当にダメで、「そういえば、俺、芸大生だったんだなあ、忘れていた」（笑）というくらいの学生のほうがいい。肩書きは要らない。ブログが一個あれば良い。ネットでのプレゼンスをどれだけ高めていけるかという、その戦略というのは大事ですね。

　僕はSNSって拒否感があるんですよ。僕も梅田さんもブログをインターネット上でオープンにしていて、どこからもアクセスできるようにしているわけですよね。SNSで匿名でやっている人たちはそれをしない。

梅田　全部オープンにするのは嫌だけど、自分の友だちには日記を読ませたい。

茂木　あの中途半端な感じが僕はどうもダメなんですよ。少なくとも自分はのめり込む気になれない。

梅田　いやあ、それはちょっと厳しすぎますよ（笑）。何か大きなものを目指そう、という志を持った人たちに向かって語りかけるときはいいと思うんだけど、ネット全般のことを議論するのだとすれば、それは厳しすぎると思う。ネットとの付き合い方がその人の個性だと思うんですよね。SNS的なもののところが快適な人と、それからブログを匿名で書くのがいいという人、ブログを実名で書くという人。それをもっとビジネスに結びつけるぞとか、プレゼンスが全然ないのがいいとか。それはその人の個性ですよ。

茂木　そこは確かにおもしろいところですよね。ネットはテクノロジーとしてニュートラルなんだけど、いろんな使い方がありうる。

梅田　二つの別世界が地続きになっていて、そこを行ったり来たりする仕方が個性になってくるんじゃないかと思いますよ、これから。ブログを立てなければいけないとか、SNSをやるよりももっと実名でやろうよ、というのは、パブリックにすごく大きなことをしたい人に対するメッセージとしては僕も共感するんだけど。

茂木　だけど日本には、もうちょっとそういうタイプの人が出てきてもいいと思う。

梅田　もっとできるのにそこにこもっている人がいるよね、とは言えますね。

茂木　「偶有性」という話を先にしましたが、インターネットのポテンシャルの最高の部分はオープンなところ。そういう意味でSNSにはやはりあまり共感できないなあ。

梅田　SNSはウェブ1・0だということは、僕も言っているんですよ。ウェブ1・0と2・0の違いに関する僕の感性っていくつかあるんだけど、コンテンツが検索エンジンに引っかかるかどうかが大きいと思うんですね。そこが未知との遭遇になるので。匿名であれペンネームでもいい、ブログであれば匿名といってもアイデンティティがあるから。検索エンジンを通して未知との出会いがあるのか、それともないのかというところに、SNSとブログの決定的な違いがあると思う。

「SNSは1・0。ビジネスモデルも、ミクシィがどれだけ儲かっていると言っても「ページビューがこれだけありますから」と言って広告を売り込みに行くわけです。これは1・0のビジネスモデルです。2・0というのは、たとえばグーグルのアドセンスを貼っておくと自動的に運営者のところにお金が入ってくるんですね。だから営業マンを雇わなくていい。どっちのビジネスモデルが儲かるんだよ、1・0のほうが儲かるんじゃないの、というのは今のところその通りかもしれないけれど、全く別の話。ただそこに違いがありますよということで。

†ネット時代のリテラシーは感情の技術

茂木　ブログには、厄介なコメントやメールもたくさん来ます。それを良しとして引き受けるべきという考えが、僕の中では倫理観としてある。少なくとも、文化活動をしようという人には、不特定多数の「声」にさらされるという荒々しい体験が、ネット時代の通過儀礼だと思うんですよ。

梅田 それは僕も同感です。文化活動しようと思ったらそうですね。みんな強くなっていかないとダメですね、きっと。

茂木 僕はそう思って実行しているけれど、実際のところはいろいろつらいこともある（笑）。

梅田 ネット時代のリテラシーというのは感情の技術ですよね。

茂木 オープンになるということはいいものと同時にイヤなものも運んでくる。ときどき無菌状態にしたい衝動に駆られるんです。たとえば、ブログのコメント欄やトラックバックは最初から受けつけないようにしようとか、掲示板は閉じちゃおうとか。でもね、そのたびに「待てよ。ネットというのはオープンだからこそ価値がある。踏みとどまらないとしょうがない」と踏みとどまる。一方でときにはすごくいい出会いもあるので救われる。

梅田 いい出会いのほうが圧倒的に多いんだけど、一個のイヤなことが吹き飛ばすようなときがあるんですよね。

茂木 暗雲が垂れ込める。でもそこで何回も踏みとどまって、「開いておくことが大事なんだ」というのが僕のインタラクティブな感性を作ってきた。

梅田　まったく同じですね。

茂木　自分の感情をどうコントロールするかということ。先ほど述べたように、ネット上では、自分に向けられたプラスとマイナスの声のパターンが自分のキャラクターを織り成すという認識は、僕にとって一つの大きな発見であり、救いだったんですよ。そう思うと気が楽だなあと。僕をサポートしてくれる人もいるし酷評する人もいるけれども、そのパターンによって、ある像が結び始める。あっ、こういうグループの人たちは俺の言ったことに反発することが多いなあ、とか。

梅田　村上春樹が同じようなことを言っていて、「一つひとつの意見がもし見当違いなもので、僕が反論したくなるようなものだったとしても、それはしょうがないんですよね。僕は正しい理解というのは誤解の総体だと思っています。誤解がたくさん集まれば、本当に正しい理解がそこに立ち上がるんですよ」（柴田元幸著『翻訳教室』新書館）。つまり読者の感想の、誤解も含めた総体が、評価であり理解なんだということを言っています。彼もずいぶんインターネットで読者とのやり取りをやってきた人だから。

茂木　いろんな目に遭っているでしょうね。そのことばは信用できるな。僕は自分のブログのコメントに返事はしません。それは一つの倫理観です。いろんな言い方ができるけれど、結局、ネット上のやり取りって、どんなコメントでも、返事をしてもそこでリアルなコミュニケーションはまず生まれないんですよ。もちろん向こうもアイデンティティを明らかにしていて、すごくプラクティカルに「いつ会いましょう」とか「このことについてこうしましょう」みたいになるんだったらいいけれど、信仰告白みたいなすごく重たいことばがバーン！ と来たときに、それに対してこっちもバーン！ と応えたのでは、絶対そこではポジティブな、創造的なものは生まれないですよね。そういう一つのふるまい方も含めてインターネットのリテラシーだと思う。

梅田 僕も同じように運営していますね、自分のブログなんかでも。

茂木 みんな経験を積むといいと思うんだけどなあ。ネットってそれぞれの人の倫理観が試されるような気がしますよね。ブログの書き方ひとつにしても気を遣う。僕の倫理観としては、基本的にポジティブな気持ちを広げるような感じにしたい。イヤなことは書かない。

梅田 ブログは教育メディアと限定されるわけじゃないし、自己表現でもあるけれど、若い人がそれを読んで勉強する、という意味が大きいと思います。結局教育って、ポジティブなものを与えるということ以外に何の意味もない。

茂木 ポジティブなビジョンを与えること以外に教育はない。梅田さんと同じことをシリコンバレーの人は言うでしょう。でも日本はネガティブな人が本当に多い。僕も梅田さんもそういう意味では孤立しているなあと時々感じる。夏目漱石の主要な著作って、ほとんど新聞小説でしたが、おそらくいまだったらネットで書いていますよ。あの人が東京帝国大学の教授職を断って朝日新聞に入った理由は、そのほうが多くの人に読んでもらえるから。いまだったら絶対ブログで連載をしていると思うんですよ。そういう無限の可能性を持ったメディアなのに、そこを創造的に、あるいはポジティブに使わないのは僕の倫理観に反する。うまく言えませんが、そんな確信めいた想いがあります。

第3章

フューチャリスト同盟だ！

†大学で教えるエネルギーをブログにかけたい

茂木　いま、ネットの普及にともなって、学習プロセスにこれまでとは段違いの速度を加えることが可能になってきています。たとえば僕が大学で物理学を専攻していた頃は、物理の専門雑誌は大学の図書館でしか読めなかった。ところがいまは全部ネットで読める。専門雑誌に出す前に、みんな勝手に物理学の分野のアーカイヴに投げてしまうようになった。

「ネイチャー」や「サイエンス」はいまだにお金を払わなければ読めないけれど、オープン・アクセスのジャーナルはどんどん増えてきています。多くの雑誌が、掲載からある程度の時間が経つと論文の著者がその論文をＰＤＦファイル化して自分のサイトに置くことを認めるようになりました。むしろそれを推奨するようになっているんです。無料で専門論文がどんどん手に入ってしまう、そういう時代に、大学というビジネスモデルはもう今までのような形では成り立たないのではないかと思っています。

梅田　同感です。最近、いろいろな大学から「うちで教えてくれないか」というお誘いを受けるんですが、すべてお断りしています。なんで断るかと言ったら、たとえば日本の大学で教えるとなると、生活の変化や授業の準備も含めて莫大なエネルギーを使うわけですね。そのエネルギーがあったら他にできることは何だろうと考える。リアル世界で教えるかわりに、インターネットに向かってそのエネルギーを全部込めて、僕が考えていること、いま世の中で起きていることについて、ネットの向こうの読者と一緒にひたすら考え続けます。

茂木　そのほうが効率いい。

梅田　仮にその大学が日本の一流大学であっても、そのクラスで僕の授業を聴きに来る五〇人よりも、もっと直接的に僕の話を聴くことを熱望してくれる人が、ネットでは集まってきます。僕があるエネルギーを込めて書いたら、どのくらいの人がちゃんと見に来てくれて反応が返ってくるかというのは、インターネットで四年もブログを書いていればわかります。僕は二〇〇三年から二〇〇四年に実験していたんですよ。CNET Japan というところで「英語で読むITトレンド」というブログ連載をもって。あれはけっこう狂気の連載で、毎日毎日とにかく大量に書きました。

これは最初二〇〇〇人くらいの読者だったのが最後は一万五〇〇〇人から二万人くらいまでいって、アクセス解析を見ていると、企業人が忙しい仕事の合間の昼休みの一二時頃に読んでくれていたりとか、全部ライブにわかるわけです。あの連載がきっかけで新しいことを始めたというような人たちにも、あとでたくさん会った。大学でイヤイヤ教室に来る学生と付き合っている時間はない、という気持ちも持っています。茂木さんも、もし本気で脳やクオリアのような専門性の高い話も含めて、ブログでもっとライブに「誰々がこの論文を書いている。これを明日までに読んでおきなよ」とか言いながら毎日五時間もやったら、すごいことになりますよ。

僕は普段からネットに住む生活をしているから、時間の振り向け方をそっちにしようと思った瞬間にそういう態勢がつくれる。ハイテク企業の経営戦略とベンチャー投資とテクノロジー・コマーシャライゼーション、IT産業構造論、グーグルにシリコンバレー……と僕が教えることができるテーマを決めたとします。毎日そういうテーマについて、ウェブ上でかなり質の高い論考が、最低三〇人くらいから上がっているわけですよね。皆あれこれと違う視点で書いている。過去の本に構造化された膨大な知の蓄積もあるから、それらに照らしあわせつつ、リアルタイムで変化していく世の中の動きとシンクロさせながら、現在起きていることを歴史の中で位置づけていく。いまは考えるためにそういう内容を自分の中に入れるだけで、その場でアウトプットはしていないけれど、大学で教えるかわりだと思って本気でやるのなら、それを外に向かって出していきますよ。

茂木　たとえば大学の授業を音声録音して、ネットで公開するなんていうことはいかがですか。

梅田　ヌルいわけですよ。教室というその場にいて、一時間半、古いフォーマットで講義して、古いフォーマットで録音するわけでしょう。それを公開するというのは、公開のところだけでインターネットの可能性を使っているに過ぎない。そうでなくて、リアルタイムに、ブログとユーチューブとこれから生まれる新しいサービスも組み合わせる。「ここはしゃべろう」と思ったら音声や映像を撮ってユーチューブに上げる、という感じで、一日で教材がドーンとできるわけですよ。それを見る人はどんな時間にも勉強できる。その教材をもとに加工もできる。そういうことを一日三〜五時間やり続けたら、きっといずれ三万人くらい見に来ると思うんですよ、僕の経験から言うと。大学で講義するエネルギーがあったら、それをやります。

茂木　三万人といったら、東大だと一〇年分の卒業生の人数ですよ。

梅田　本当にそういう内容を必要としている人がどこにいるかといったら、必ずしも大学の中にはいない。例えば日本の電機メーカーの中にいるとか、アメリカや中国で単身赴任でがんばっている人とか、ベンチャーを興して苦闘している人とか、様々な場所にいるでしょう。社会人教育なんて、無償で狂ったようにそういうことをやるヤツが一人いたら、新しい概念が提示できると思いますよ。それがインターネットのすごさだと思う。ネットは中毒性がありますから、毎日絶対に人が来る。そこそこ面白いくらいでも、三万人まではいかなくても、毎日三〇〇〇人は来る。

†大学はもう終わっている

茂木　大学というシステムが終わっていることは体感でわかるんですよ。つまりクラスルームに行って講義するまではいいのですが、その後宿題を出して、レポートや試験の採点をして成績をつけるという一連のプロセスがまったくナンセンス。学生のときは意味があると思っていたけれど……。

梅田　僕は学生のころ、最後までいい成績を取ろうと考えていたんだけど、あるとき、これには何の意味があるんだろうと思い始めた。でもきっと何か意味があるんだろうと思って最後までがんばったんですが、結局意味はなかったですね。

茂木　おそらく教える側からしても、まったく意味がないと思いますよ。本音を言えばしょうがないからやっているんでしょう。他の人のことを心配しても仕方がないけど。研究面でいっても、そのうちネットだけで研究をやってノーベル賞をとる人がでてくるかもしれない。

梅田　二〇〇六年八月に発表された数学の「フィールズ賞」でも、ネット上のジャーナル「arXiv（アーカイヴ）」への投稿論文で認められたペレルマン氏が同賞に決まりましたね。

ネットへの投稿論文が認められたことより、賞を辞退したことのほうが話題になりましたが。

茂木 幾何学の難問「ポアンカレ予想」を解いたグリゴリー・ペレルマンですね。数学の分野ではプリントメディアがそんなに重要視されていない。アンドリュー・ワイルズが発表した「フェルマーの最終定理」の証明は一九九五年にプリントメディアに出る前から数学者の間では評判になっていて、評価もされていました。先ほども言いましたように、とくに数学や物理学分野では、最初から論文をネットのアーカイヴ上に置くということをやっています。インターネットの技術者たちに近い感覚だと思います。

梅田 読む側の立場からすれば、そうした専門論文がネットで読めるということに加えて、いずれグーグル・ブックサーチで、本が全部読めるようになる。

茂木 あれはいつぐらいに完了するんでしょう。

梅田 一〇年から二〇年でできるでしょう。少なくとも、著作権が切れているものは全部ダウンロードできるようになる。

茂木 梅田さんは最近「The Economics of Abundance」についてブログで書かれていたけれど (http://d.hatena.ne.jp/umedamochio/20061026/p1)、知的な資源が「希少」でなく、「豊富にある」ようになるということは社会に重大な変化をもたらすと思う。そもそも社会の中で僕の憎むさまざまな「障壁」や「差別」の根源には、「リソース（資源）が限られている」ということがあると気づきました。

梅田　「ロングテール」の提唱者、クリス・アンダーソンが、ロングテールの次の概念として提示しようとしている考えです。「過剰の経済学」とでも訳せばいいのか、情報の世界を中心に、資源が希少だという前提ではなくて、資源が過剰にあるという前提で世界がどうなるか考えよう、という発想ですね。

茂木　僕は、受験戦争は心底くだらないと思っています。日本の場合は、大学もそうですが、初等・中等教育でも、進学成績がいい学校には入学するのに競争がある。ところが一皮むいてみれば、その入試で行われていることは、中途半端な知の技法の争いです。なんでそういうことになるのかというと、大学、高等教育機関のリソースが限られているからで、そのような限定は将来絶対になくなるはずだ。一流大学に入るための入り口のところの競争があるべきではなくて、誰でも高等教育を受けようと思ったら受けられるようになるべきだと思うんです。

昔は、いい大学を出た人が威張っていられたのは、限られたリソースである一流大学卒という肩書き、みんなが持っていないものをその人が持っているからだったわけです。でも知的なスキルを誰でも望めば持てる世の中になれば、そんな瑣末なものだけで威張ることはできない。

梅田　今度は何で勝負して生きていくのかということですよね。

茂木　だから、梅田さんが『シリコンバレー精神』に書かれていたアメリカの技術者集団の雰囲気はすごく好きですね。どこに所属しているのかではなくて、「お前はこれまで何をやってきて、これから何をやりたいのか」という実質が問われる。

梅田　「お前は誰なんだ」ということを、アメリカに来てからずいぶん問われた記憶がありますね。

茂木　日本だとまず肩書きから入りますよね。その感覚は、僕には受け入れにくい。たとえば前○○とか、元××、といった肩書きの人が集まる中へ行くと、全然楽しくない。そういう世界って、もうこれからは存在価値がないと思います。

梅田　それを僕は「脱エスタブリッシュメント」という言葉で表現しました。エスタブリッシュメント社会のルールの中に、当然大学も取り込まれているし、そこに新聞社も出版社も全部取り込まれていると思うんですよ。これからはそうしたものの価値が小さくなっていく。

†たった一人の狂気で世の中が動く

茂木　ただ、価値はなくなるけれど、形としては古い大学も残るでしょうね。

梅田　大学に実際に通いたい人は絶対に減らないし、大学に勤めて生計を立てる人も大勢いる。だけどそれに加えて、学校に実際に通って授業を受けられないけれど、ネット上の大学で授業を無料で受けることができれば……。

茂木　ネットでつくる大学があったら僕も参画したいなあ。

梅田　僕はシリコンバレーにいていつも思うのは、たった一人の狂気で世の中が動くということです。誰かがやってみせれば、真似をするのは誰でもできるから。たとえばグーグルの創業者は二人とも狂気の人でしょう。アップルのスティーブ・ジョブズも狂気の人でしょう。「何でこの人はこんなにバカみたいに一つのことに熱中して朝から晩までやっているんだろう」ということを、僕はいつかネットの上でやってやろうと思っているんです。さっき話したような授業っぽいブログをネットでやって、トラックバックやコメントに対する返事も基本的に返すとか。

茂木　全部返す？

梅田　全部は返さないかもしれないけれど、重要な議論には参加する。いまは自分のビジネスとの関係でのためらいがあって、まだ一〇〇％そういうことはできないので、もう少し時間がかかりますけれど、いずれはコンテンツを全部無制限に出すと。そういうものをつくってみたいな、と思っています。

茂木　なるほど。とにかく「行け行けどんどん」ですね（笑）。その一方で、フィジカルなものや、私たちが主観の中で感じるクオリアって、制約とか制限、限りがあるということの不自由こそが恵みになるということもある。

梅田　さっきの「二つの別世界」の話に戻りますが、リアルの良さはリアルの良さとして絶対に残ります。そこでお金がまわるんですよ。リアルは不自由だから。

茂木　ある場所にいることとの経済性とでも表現するべきでしょうか。たとえば、景色の良い夕暮れの丘に行って友だちと散歩していることでしか得られないもの。そのような体験はリアリティを持ち続けるし、お金も生み出し続ける。一方、ネットのほうは……。

梅田　無尽蔵な世界だから、そっちは違う別の法則で動く。だからその二つを行き来する。大学的なことをネットの上でやるにしても、それをやる人は引退した後の人であるとか。これから学問をやって生計を立てる人は、どこかの大学に所属して給料をもらわなければいけない。それに対しては何かの意味で授業料を払ってくれる人がいなければならない。

ネットの上で何かを中途半端に有料にして生計を立てようというのは、うまくいきません。パスワードが入って検索エンジンに引っかからなくなるから、ネットは絶対に有料にしちゃいけないんです。無料にしてそれで広告が入るかといったら、先進国でまともな生活ができるほどは普通は入らない。一方、リアルというのは不自由だからこそ、お金を使って自由を求めます。だから永久にリアルの世界でお金が圧倒的に回る。この二つの世界での生計の立て方とか、それから知的満足のしかたとか、いろいろ組み合わせて戦略的に考えていく必要があります。

†何を志向できるかが勝負

梅田　外部記憶の整理されていく時代の記憶力に興味があるのですが。この間、村上龍が記憶をめぐるエッセイを書いていました（日本経済新聞二〇〇六年一〇月二四日夕刊）。「小さいころから他の人と違うと感じることがある。風景の記憶だ。まずだいいちに視覚、音や匂いが重なったものだが、なんでもない「風景」の、誰も覚えていない全体や細部をはっきりと頭の中に再現できて、小説を書くときはそれを最大限に利用する」。アラスカの大氷河から、ある人物のちょっとした仕草まで、全部覚えているんだそうです。それで、作家のコアの能力というのは描写力で、それに自分の記憶の能力、特質がものすごく寄与していると彼は言うわけです。

茂木　「連想記憶」、つまり、あるものを思い出すときにそこから連想して別のものまで思い出すということがありますよね。クエスチョン&アンサー方式に空白部分の穴埋めをして正解を出すというタイプの記憶力ではなくて、チェーン・リアクション的に、ネットワーク的に記憶を展開していく能力がこれから大事になっていくと思うんです。連想力です。村上龍さんにしてもフォトグラフィックにある動作を覚えていて、それを小説にするわけだから、そこからどういう言葉を想起できるか、どういう詩的な連想をできるかが勝負でしょう。そのたぐいの記憶力がこれからは大事になってくるんじゃないかな。

梅田　覚えていないと、脳内で情報処理ができない。

茂木　できないですね。経験が蓄積されていないと。その場合、アイテムの名前を一覧にして覚えておくような必要はないという気がします。記憶のダイナミクスというのは脳の中でもともと大変自由なものです。単に博覧強記にものごとをリストに並べて覚えているという機能だけではないんですよ。その記憶のダイナミクスには、何に関心を払っているのかという志向性が重要な役割を果たしていて……。

梅田　志向性がすべての始まりなんだ。

茂木　そう僕は思っています。特にネット時代においてはそこが非常にクリティカルです。結局、サーチ・アンド・チョイスのチョイスの場面で、どういう志向性を持てるか、ということが大事だという気がするんですね。そこにおける選択肢が「可能無限」になるのだから。梅田さんが休みの日に何をネット上で調べるかには、無限の自由がありますよね。何を志向できるか、自分の人生をこれからどういう方向に向けていくかというビジョン。それを誤ると大変なことになる。

梅田　無限からのチョイスということですね。

茂木　そこにその人らしさが一番表れる。だって、ネットでどこのドメインを見ているかというのは、人によって全然違うじゃないですか。テレビを見るのとは全く違った自由度がある。その体験は自分を作り上げていく上でも重大なことだと思います。

志向性というのは自分の経験の蓄積から決まってくるので、どういう志向性を自分の中で立ち上げられるのかは、そこにどう記憶を生かすことができるかということが一つのポイントになると思います。

それはもう、めくるめくような多様性に開かれた世界ですよね。脳科学だけをとって、どの論文を読むのかを考えても、驚くほどの可能性がある。この有限の時間の中で何を見るか、何を読むか。そのような無限の可能性から絞り込むという命題を本気で考えるような場面が、主戦場になってくる気がするんですけどね。

梅田さんはブログを五〇〇ぐらい回遊するということですが、本当は他の五〇〇もありうるということですよね。

梅田　そうです。それはそうなんですが、自分はネット上でとても狭いことをやっているんだという認識を、今日持ちました。茂木さんがおっしゃる無限の可能性を僕はあまり追求していなくて。

茂木　実際には、最初は無限定の広がりを持つ無限の可能性の中から梅田さんは選ばれてきているわけですよね。

梅田　そう。でもあるとき選んだ後は、そのことだけをやっているんだなあ。志向性というのは僕の場合、ある時期からかなりはっきりしていたんでしょう。ウィキペディアを端から読むみたいなことは絶対にしないし。そういう感じの関心の発散は、僕の場合あまりない。インターネットの無限のめくるめく可能性と言われると、逆にかえって新鮮に思ったりします。ちょっとこれからそういう方向に舵を切るのもいいな。

茂木　この話との関連でいえば、大学院の入試のときに、研究者としての資質を見る方法があるということに最近気づいたんです。学生によっては、「学部で習ったことはきちんと理解できています」とか言って数式を解いてみせる人がいるんだけれど、そういう人はまず駄目で、研究者になる資質を持っている人というのは、野次馬的にいろんな方面に興味を持っている人だと思う。それは脳科学の「心の理論」すなわち、他者の心を読みとったり、あるいは共感する能力と関係している。共感力は、とんがった知性においても大事です。みんなが興味を持っていることに野次馬的な関心を持っている人は資質が高いですね。日本では、たとえば理科系なら、「日経サイエンス」に端から端まで目を通しているような、理解していないにしても、そういうことに広く関心を持っている人じゃないと駄目なんです。

梅田　無限に広い地図のなかから、自分が行くべき道を探し得る能力があるということですね。

茂木　いままでの教育というのは、学校で学ぶように定められた内容について、一〇〇点をとれるように向けてあげることでした。そうでなくて、いまは学びうる範囲が無限に広がったから、選択することこそ教えなければならない。

梅田　教育の考え方を大きく転換しなければなりませんね。

茂木　そこで何を選ぶか、という点こそが勝負なんですよ。

†ダーウィンはインターネット時代の人に近い

梅田　僕自身は、好きなことを一つずっと深掘りするというよりも、世の中を俯瞰して理解したいという気持ちがあるほうで、理解したい対象全体の正規分布がこうなっているんだとか、いつもそういうふうにモノを考えがちです。あるがままを、ああ、こういうものなんだと理解したい。なぜ理解したいかというと、理解のフレームがあると、少なくとも自分や自分の家族や仲間がサバイバルできるから。背景にそういう個人的、利己的な動機が強くある。

異質なものと異質なものを結びつけるとか、歴史との比較で未来を考えるとか。いまここで起きていることは一九世紀だと何にあたるのだろう、といったことをいつも考えます。そこでなるべく誰もまだ考えていないような組み合わせで、とか腐心しますね。一九世紀にバルザックが印刷所を経営していたり、あるいは新聞小説を書いたとかいうのは、いまでいうとどういうことなんだろうか、とか。じゃあ、一九世紀の大衆作家という当時として新しいカテゴリーの職業は、いまの時代で考えたら何なんだろう、とか。そうすると、ひょっとしてバルザックという人は、ネットビジネスの創業者っぽい起業家精神に溢れた人が小説を書いていたと考えるべきなのかもしれないな、とか。そんなふうに、過去のことと未来のことを行ったり来たりします。

ちょっと手前味噌になるかもしれないけれど、たくさんの分野に興味があって、関係性に興味がある、俯瞰してものを見て全体の構造をはっきりさせたいという志向がある人は、これからの時代に有利になってくる気がします。

茂木　前にも言ったように、これからは「システムの一人勝ち」が実現する可能性がある。俯瞰性っていうのはまさにシステム側の視点に近づいていくことです。これから、システムの進化にともなって、そういう人が出てきやすい環境が生まれると思うんですよ。

梅田　その一方で、ミクロに突きつめて深掘りしていくタイプの人は、けっこうリスクが高まる。いままでは、一つの世界でガーッとやっていくなかでメシが食いやすかった。でもこれからは、例の羽生善治さんの「学習の高速道路論」で、それだけではなかなか難しくなる。

茂木　インターネットによって、ある到達点までは誰でもすぐに行けてしまうわけですからね。

梅田　そこを知っているということだけでは、コモディティになる（差別化要素がなくなって陳腐化する）から、一つの狭い専門の高速道路で、渋滞に差しかかっちゃって抜けられないと、価値が失われていく。俯瞰性のほうにいけば、異質なものを組み合わせて新しい価値を自分でつくっていくわけだから、ある専門分野の大発見みたいなことはできなくても、世の中を生きていくことはできるだろう。一生なんとなく生きていけるぐらいの知の価値をつくりながら走っていくことは、俯瞰性をもっているほうがやりやすいだろうなあと思う。

茂木　そうですね。過去の例でいうと、チャールズ・ダーウィン（一八〇九―八二）はまさに俯瞰性の人でした。あの人はもちろん、自分でビーグル号に乗ってガラパゴス諸島に行ったりしていますが、実際には驚くほど多種多様の文献を読んでいた。ダーウィンは案外、インターネット時代の人にイメージが近い。マルクスもそうですね。大英博物館の図書室を借りて、ありとあらゆる文献を読んで『資本論』を書いたわけですから。ああいうタイプのオリジナリティというのは、これからも出てくると思います。

梅田　ダーウィンに関連して、もうちょっとお聞きしたいのですが、茂木さんご自身が、脳科学の分野で、ダーウィン的な仕事をなさりたいとおっしゃっていますね。「抽象的なフォルマリズムで一刀両断の下に意識の問題が解決される、という可能性はもちろんあるんだけれども、その一方で、ダーウィンがやったように、「自然誌」という立場から意識の問題を究明する必要があると思っている。つまり、現時点で意識について知られている経験的事実をきちんと押さえ、それを総合する視点が必要ではないかと考えている。その上で、ダーウィンが到達した「突然変異」と「自然選択」に相当する、意識の起源を説明する第一原理を提出する必要があるのではないかと考えている」（『現代思想』二〇〇六年一〇月号）。このようなことをおやりになろうと。

茂木　おそらく意識とか認知過程の本質が、我々の代で解けるということはないと思うんですよ。僕は九七年に『脳とクオリア』（日経サイエンス社）という本を出して、もう一〇年くらいこの問題を考えてきているんですが、考えれば考えるほど、意識の問題をいま最終的に解くということは不可能だと思えてくる。

ダーウィンが『種の起原』（一八五九年出版）に書いた、突然変異と自然選択で種がでてくるというアイデアは、いま我々がみても非常にブリリアントです。実は、そのあとこの進化の実態がわかるまでには一〇〇年かかったわけです。メンデルの業績の再発見、その他の数理的な自然選択のモデルができてきて、とくに、ネオダーウィニズムといわれる一九三〇年代の仕事があった。おそらく、認知科学、意識の問題もこういう道をたどるのではないかと読んでいます。我々が現時点でできることは、「突然変異と自然選択から種が生まれてくる」ということに相当するような概念設定をつくること。いわば、概念的な革新を通した「ブレイン・サイエンス２・０」を志向すべきなのです。一つ一つはトリビアルなピースでも、それをいっぱい集めていくと、ノン・トリビアルな全体が生まれてくるのではないか、ということを真剣に考えたらどうかと思うに至りました。それが、僕がこの一〇年間で成長したことなんです。『脳とクオリア』の頃は、僕はアインシュタインのようなことを夢見ていました。アインシュタインのように、ある鋭利な論理で切っていくことができると思っていた。でも、それはどうも時期尚早というか。いまは「アインシュタイン」よりも「ダーウィン」の時代なのでしょう。
梅田　ダーウィンは同時代に評価されたんですか。
茂木　『種の起原』は出版と同時にセンセーションを起こしました。賢い人たちは、その瞬間に「そうだったのか」とわかった。評価というより議論の対象になったんですよね。
　僕が「ダーウィン」ということを言っているのには、実は、いろんな戦略的な意味があって、グーグル的なものに対抗してロマンティックを再構成するときのひとつのカギはダーウィンだと思っているんですよ。つまり、原理的に突き詰めたものはどうしても成り立ち難い。それでもあえてロマンティック・サイエンスをやろうとしたら、ダーウィンの総合的な見地に立つしかないと思うんです。そういうことを、学生たちにも言っているんです。

†楽しくてしょうがないという人しか勝てない

茂木　俯瞰性のほうでなく、一方の、狭く深く掘り下げるタイプの人たちにとっては、たしかにハイリスクになりますね。
梅田　深掘り方向での競争力というのは、もうそれが大好きで大好きでしょうがないというのでないとダメかもしれませんね。何かのゴールに向かって成功を目指していて、いま苦痛だけど研究しているという人では、絶対に競争力は出ないだろうと思います。ただただ、それが楽しくてしょうがないという人に勝てない。

茂木 二極化する可能性はありますね。その一方で、どちらでもない人も世間には多いですね。

梅田 僕は、「好きということのすさまじさ」という言い方で、『シリコンバレー精神』にそのことを書きました。とにかく、朝から晩まで情熱を傾けられることは何？　ということを問う競争。対象はもうなんでもいいと。グーグルっぽい言い方をすると、キーワードで二つか三つ、自分が熱中する対象の言葉が並ぶと、検索結果ではその人が上からザーッと全部来るみたいなことを目指す。それが志向性や、好きということのすさまじさ、あるいはウルトラ専門性とか。かつては専門というのは大きなくくりだったんだけど、いまは一人に一個ずつ専門がある。そういうことなのかなと。

茂木 まさに、そういう時代ですね。とんがり方が人の数だけある。

梅田 そういう意味で言うと、アメリカの教育というのは知らず知らずのうちにこれからの時代に親和性が高いのかなと思ったりするんですね。というのは、モノを知らないでしょう、アメリカ人って。関連領域を全部学んだ上でなきゃ自分の意見を言っちゃいけないみたいな抑圧の対極にあるから。「お前はどう思う？」と本格的に勉強する前の小学生くらいのときから問われ続ける。そういう教育をしますよね。「お前はどう思う？」「お前は人と何が違う？」と問われ続ける。それがずうっと続くから、自然と自分のアイデンティティを決めていく。それによってサバイバルできる。

茂木　日本の教育では基本的に「範囲」があって、「正しい範囲」を押さえた人が、最終的に大学入試で受かる。ところが、アメリカの高校教育は全然違う。たまたま国際会議がアメリカの高校でおこなわれたことがあったのですが、そこに教科書が置いてあって、かなり分厚い。重いからみんな家に持って帰ることを考えずに、ずっと学校に置きっぱなしなんですよ。さすがにそんなに分厚い教科書を全部覚えるということはありえないから、アメリカの教育は最初から偶有性の海の中に生徒たちを放り込むしかない。とにかく、「自分の好きなことを勝手にやりなさい」と。

しかし、個々人が好きな方向にとんがるとは言っても、やはり何らかの基準がないと困るので、ナショナル・ミニマムとしてＳＡＴ（大学進学適性試験）がある。基本的に放し飼いなので、最低限のベーシックな問題しか出さない。日本の大学入試みたいに、囲い込まれた世界で人工的な受験技術を磨く必要はまったくなくて、それぞれが勝手な方向に突き進んでいるので、共通項としてはミニマムにならざるをえない。ともかく、僕は公式的な正しい範囲なんて本来ありえないと思っています。だから、日本の教育の本質は「談合」であると思う。

茂木　つまりアメリカでは、とんがらせる方向というのは人によって異なる。たとえば人によっては、それこそ高校のときから量子力学まで歩みを進めるかもしれないし、歴史を深く掘り下げたいという人もいるかもしれない。そこは一人ひとり違うので、ＳＡＴでは最低限のベースラインしかやらない。僕は、自分自身がきわめて人工的な大学入試システムの犠牲者だと思っています。大学入試の数学なんて、ちょっと気の利いたやつは高校一年くらいで終わっちゃうんだから、それならそこから先は勝手に量子力学をやらせてくれても構わないでしょう。

それを、ここまでの範囲だけしか勉強しちゃダメと言って、人工的な競争をさせるわけです。まったくのナンセンス。日本とアメリカの高校教育のどっちがいいかといったら、前からアメリカのほうがいいと思っていましたが、ネット時代になってさらに優劣がはっきりしましたね。「履修漏れ」事件で大騒ぎがあったけど、そういう「公式的な正しい範囲」という幻想はどこかで捨てないとダメですね、ここまで来たら。そういうことは梅田さんあたりがきちんと言ったほうがいいですよ！（笑）

梅田　僕はありがたかったなと思うのは、慶應の一貫教育ではそういう受験技術を磨くようなことをやらなくて良かったことですね。受験がないから、中学ぐらいから好きなことを徹底的にやり続けている人がいた。僕の大親友に歌舞伎のプロデューサーがいるんだけど、彼は四歳のときから歌舞伎座に通って歌舞伎を見続けていた。中学高校大学とずっとそうしていた。彼は学業でも優秀だったから慶應の経済学部を出て金融の世界に入ったのですが、すぐに辞めて松竹に行った。それでいまは歌舞伎の大プロデューサーです。

そういうタイプの人たちがまわりに大勢いました。三年先輩に日本画家の千住博さん。その弟の千住明（作曲家）が僕の同級生です。あとスポーツで中学高校時代から世界的に活躍していた人もいました。とにかく好きなことばかり朝から晩までやっている人たちがけっこうたくさんいて、そういう環境で育ったことは本当にありがたかったなと思いますね。

茂木　「とんがっていいんだよ」ということが、最近では感覚としてはみんなに受け容れられてきた気がしませんか？

梅田　最近はだいぶね。

茂木　でも相変わらず大学入試は人工的な競争をやっている。大学入試と本物の学問の間の懸隔《けんかく》ってものすごいですよ。たとえば理数系では、やるべきことは青天井にあるんですよ。だから入試の数学なんて、三輪車に乗っているようなもので、あんな程度のことを、すべての生徒一律に一八の春まで押し付けるだなんて、これほど理不尽なことはありません。本当になんとかしなければいけない。そういうことを、僕はかれこれ五年くらいずっと言い続けているけれど、ネット時代は従来の日本の教育制度と「青天井の知」の世界との間でますます不整合が目立ってくるということですね。

†組織に所属するのでなくてアフィリエイトする

梅田 僕は、九〇歳まで現役で行きたいんですけど、どうしたらいいでしょう? 何を訓練したらいいんでしょう?

茂木 これをやっていると絶対大丈夫みたいなことはありません。むしろネガティブ・ファクターがないということが大事です。

梅田 ネガティブ・ファクターってどんなことですか? ストレスですか? やりたくないことをやる?

茂木 ストレスにせよ何にせよ、とにかくバランスが大事なのです。ストレスはありますか?

梅田 あまりありません。なるべくストレスがないように自分を持っていこうと思っていますね。茂木さんはストレスは?

茂木　僕はないですね。ただ、ネガティブなことばかりを考えたり喋ったりする人に会うとストレスになるかな。そういう人は多いですよ。シリコンバレーにそういう人はいます？

梅田　シリコンバレーには少ない。非常に少ない。

茂木　日本では、ネガティブなことばかり語りたがる人って多いですよね。そういう人とは議論をしても意味があまり無い。

梅田　僕が生計を立てている仕事の中には、そういう面もありますね。大企業をクライアントとして、コンサルティングの仕事をして生計を立てているわけですけれども、大組織を相手にするとどうしても、ある程度そういうストレスはありますね。もちろん、ストレスがなるべくない人たちと付き合っているんですけれど、やっぱり少しありますね。

茂木　僕はこれからの時代における個人と組織の関係は、所属というメタファーではなくてアフィリエイト（連携）というメタファーでとらえるべきだと思っています。そんなことをある時に思いついて、気が楽になったんですよ。日本人って所属が大事だと考えがちですが、いまは個人として屹立するためのインフラがネット上にちゃんとある。昔であれば、たとえば梅田さんがコンサルティング会社にいるなら、その組織をバックにものを書いていた。どこどこ会社の誰々です、と説明して初めて個人として信用してもらえる。ところがいまはURL、ブログがあればいい。ネット上のプレゼンスがその個人を支えるインフラ。それを見てもらえばどういう人かわかるから。僕はいろいろな人に「これからは、個人の信用はネットで保証すれば良い。誰が最初にそれに気づくか。それに気づいた人がこれからは輝くよ」と言っています。つまり、ある組織に所属するということで完結している人は、これからは輝かない。

梅田　同感。一〇〇％同感（笑）。

茂木　個人が組織に所属しているという考えはもう古い。勤務規定とかがあるとして、人事の人たちの顔をつぶしてはいけないから、積極的に反逆することはしないほうがいい。でもそんなことで自分の行為をがんじがらめに縛ったら、これからのネット時代に輝けない。組織と個人の関係を皆がうまくやらなければ日本は活性化しない。組織が大事だと言うならば、シリコンバレーとは違う、日本的な表現があっても良いのです。七割は会社なんだけど三割は個人、そんな考え方もアリだと僕は思っている。

梅田　リアルとウェブの二つの別世界を創造的に行ったり来たりする生き方にも通じる考え方ですね。

茂木　七対三の三がウェブ世界の人格ということはあるんですよね。いま、誰かに会うときに、その人がどういう人かと調べようと思ったら、グーグル上に現れる時価総額みたいなものが、その人のヒット数がどれくらいあるかで、だいたいわかりますよね。肩書きよりも。

梅田　そうそう。そういう意味で、自分の分身をネットに置いてあると。分身がそこで表現活動をしていくみたいなことというのは、僕は組織に勤めている人が匿名でやってもいいと思うんですよ。実際にそうやっている人もけっこういるし。

†そうか、「フューチャリスト同盟」だ!

茂木　日本型組織によくある妙な決まりごとだとか、そういった些事にリソースを使うというのは、ヘルシーじゃないですよね。

梅田　その点は日本特有の問題ではなくて、組織というものの持つ普遍性だと思うんですよね。日米の組織がどのぐらい違うかというと、アメリカの組織もとんでもないからなあ……。だから僕は、大学も含め、組織には絶対に属さない。自分で事業をやり始めてそろそろ一〇年になるので、もうそういう生活が染みついちゃった。

茂木　僕がアフィリエイションという言い方をしているのも、日本の組織風土のもとではアフィリエイションという言い方自体に、教育的というか示唆的な機能があると思うからなんです。

ところで、ネットが消えてなくなることはありえない。では、人間とネットはこれからどう共生していくか。もう後戻りはできないと思うんだけど、でもときどきネットがなかった頃は平和だったなあと思うこともありますよ。梅田さんはないですか？

梅田　ありますよ。

茂木　それでももう絶対後戻りできないというか。

梅田　もう後戻りはしない。そこでリテラシーを持って生きのびる術をそれぞれの人が身につけなければいけない。

茂木　ネット上の新しいライフスタイルという意味では、中途半端なオタクもダメですよね。梅田さんがよく書かれているように、朝から晩まで大好きなプログラミングをやっていたいと心から思っている人、そういうギークやナードは、僕はとても好きなんだけど。でも、中途半端なものに対してはものすごく怒りを覚える。

梅田　中途半端だとサバイブできない時代になってくると思いますよ。というのは、ギークでもギーク・オブ・ギークみたいなものでないと、今後はどんどん凡庸な存在になっていくという、コモディティ化の問題が常におきます。

茂木　確かに、個々人にとってコモディティ化って大きな問題ですよね。

梅田　僕もプログラムをずっとやっていたので、ある種のギークだった時期もあるんですよ。プログラムを書いたら自分の世界を創造したりできるから、すごく楽しかった時代があったんだけど、大学院にいたときに、朝から晩までプログラムを書いているという人たちと出会い、「この人たちほど好きじゃないな」と思いました。中途半端な自分がコモディティ化してしまう予感があったということです。

茂木 わかります、その感じ。僕も、プログラミングは中途半端だとやらないほうがいいと思っています。

梅田 ギーク同士の認め合い方のすごさってすさまじい、シリコンバレーでも。例えばグーグル内部のエンジニアたちのコミュニケーションっていうのも、どうもギーク性を極めていくようなことらしい。だいたい想像はつくんだけど。どのくらいギークかということの、ギーク比べみたいな。そういう突き抜け方をすれば、どんな分野でも生き残っていけると思うんですけどね。

茂木 ネットに関しては、僕はユーザーに徹する。そのかわり、僕は一介のフューチャリストになりたいと思っています。

梅田 僕も同じです。

茂木 そこは共通ですよね。フューチャリストになるためにはギーク的なものを突きつめるのとは違う覚悟がいる。人間というものを総合的に理解しないと。そのためには、まさに「知の総力戦」。ありとあらゆるものを動員する。僕の場合、その真ん中に脳科学がある。一方の梅田さんの中核にはウェブの進化の未来とシリコンバレー社会への洞察がある。そうか、僕と梅田さんは「フューチャリスト同盟」だ（笑）。

梅田　そうですね。フューチャリスト的な仕事をしたいと自然に思うということは、未来はいいものだと思っているということですよね。未来は明るいはずである、いろんなことを努力していけば、全体として未来は明るい、そうあってほしい、そういう未来を創り出したいという意識がある。「未来が良いものだ」と思わなきゃ、そんなフューチャリスト志向はもてないですよね。

第4章

ネットの側に賭ける

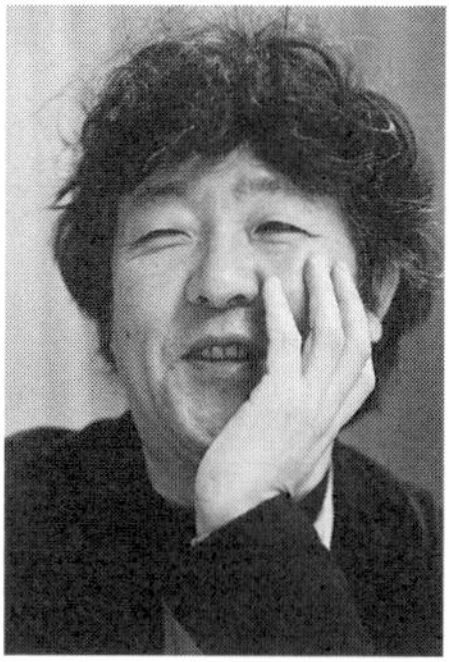

†負け犬たち、一匹狼たちが幸せになれる

茂木　梅田さんとお話ししていて自己認識できたのですが、ウェブ社会の到来はアンダードッグ（負け犬）たちのチャンスだという感じがしているから、僕も熱くなっているのかな。いままでの日本社会の勝者って、談合にうまく乗った人というところがあったじゃないですか。アンダードッグというか、マヴェリック（一匹狼）たちが、うまくネットを使えば幸せになれる、という可能性があるから、僕はネットの側に賭けたいと思っている。

梅田　僕もそこは一緒ですよ。まったく同感です。だって、リアルで満足度が高い人ほどネットに関心を持たない、若い人たちはその代表だけどリアルで満足度が低い人ほどネットに関心をもつ、という相関関係があるから。

茂木　えっ、そうなんだ！　意外だなあ。

梅田　そういう意味で、リアルでも充実して多忙で、なおかつネットでもアクティブという茂木さんは特異点。それは茂木さんの体力が尋常じゃないからだと思いますよ。

茂木　面白いですねえ。何かのリサーチでそういう結果が出ているんですか。

梅田　それは僕の確信です。以前に「クロワッサン」という女性誌でインタビューを受けたときに、リアルで忙しいお父さんより、「クロワッサン」読者のほうがネットについて

きっと本質的なことがわかっているはずですよと、そういうことを話したんですけれど。やはり日本の中枢の人たち、「談合社会」と茂木さんがおっしゃった、僕の言葉で言うとエスタブリッシュメント社会、そこで主流を歩んでいる人たちは、まずリアル世界がとてつもなく忙しいんですよ。圧倒的に忙しい。それから、何かを知りたいと思ったら、まわりの誰かに訊けばわかるんですよ。だからグーグルのありがたみはすごく薄い。

茂木　それは実感としてよくわかる。そういう人たちを知っているから。

梅田　それから時間がないから、ネットとかかわると言ったって、せいぜいメールを見て終わり。

茂木　メールは部下や秘書に見てもらう、みたいな人さえいますね。エスタブリッシュメントの人たちはネットを必要としていない。そういう旧来型の組織のサイトだと、PDFファイルばっかり。あのPDFで置いておけばいい、というところに、「俺たちホントはネットは要らないから」という感覚が如実に現れている。

梅田　PDFに怒るところが茂木さんの感覚的でビジョナリー的で面白いところですね。リテラシーが違うんですね。面白いからとかワクワクするからという理由じゃなくて、しょうがないからネットを使っている。そこはアメリカも一緒でしょう。例えばグーグルが出てきましたという話に、経営レベルでIBMは結局一切反応しませんでしたね。

茂木　ＩＢＭは堅いベースがあるからね。

梅田　だけど、ＩＢＭは半導体をやったし、ＰＣだってやったし、これまで新しいものが出てきたときに、それを必ずしも取り入れなかったわけじゃないんですよ。

茂木　腹いっぱいで、いまのままでも別に生きていけるんでしょう！

梅田　前にも話題に出たインターネットの産業破壊性とか、アンチ・エスタブリッシュメント的な性格をテクノロジーが持っているというようなことに加えて、経営者であるエスタブリッシュメントの人たちが、体でその意味をわからないんでしょうね。僕はそういう人たちに「ネットはこんなにおもしろいことになっている」ということを何年も何年も説明しようとしてきた経験から言って、ネットへの興味とリアル世界での満足度というのは反比例するという確信にたどりついたんです。

茂木　梅田さんの口から出ると、ずいぶんリアリティのある話だなあ。

梅田　だから、例えば「ニート」や「引きこもり」と呼ばれる人たちの中に、朝から晩までネットをやっていてすごいプログラムを書いている連中もいる。引きこもっているほうが生産性が高いんでしょう。一つのことを好きだということになってきたら。まわりが学校に行って授業を受けたりしている時間に、どんどんモノを作ってしまう。そこに逆転現象があるんです。とてつもない可能性がアンダードッグに対して開かれている。ＳＮＳでも、僕はあまり否定しないのは、例えば結婚して東京から地方や海外に行ってしまい、友だちがみんな東京にいて、まわりに話が合う人がいないという人たちにとっては、SNSはすごく便利な道具ですよね。地域という物理的制約を越えて共通の関心で結びついて、何でも相談したりできるわけだから。

†ネットへのアクセスは基本的人権

茂木 最近日本だと、ワーキングプアといって、たとえば年収二〇〇万円で家計を支えなくちゃいけないというような人がクローズアップされていますが、どんな貧しい人でもネットへのアクセスは保障されるべきだと思う。だって、ネットにアクセスできなかったら、いまどき何もできないですよ。求職もできない、情報も集められない。ネットへのアクセスって、いまや基本的人権の一つだという気さえする。それこそ、ホームレスの人にネットへのアクセスを保障するソーシャル・プロジェクトをやるべきだと思います。

ネットには、無料でできることがいっぱいあるわけです。たとえば本を買うお金がなくても、漱石の全著作は「青空文庫」(http://www.aozora.gr.jp/)のサイトに行けば読めますからね。それでも依然として紙の本は本で買われている。別モノなんですよ。僕の著作に関して言えば、勝手にどんどんネットに全部あげちゃってください、という感じです

(笑)。梅田さんの言う別の世界という考え方は大事かもしれません。「あちら側」の世界があっても、「こちら側」の世界は別にリアリティを持ち続ける。

梅田　ユーチューブがあるから、高解像度のディスプレイが売れなくなるとか、全然そんなことはないんです。これからチープ革命によってさらに豊かになる。「過剰の経済」という雰囲気が出てくる。両方安くなるわけだから。サッカーのワールドカップは高解像度のディスプレイで見たい。

茂木　そうですよね。ワールドカップはユーチューブで見たくないよね。高精細のテレビで見たい。

梅田　だから全然違うんですよ。「あちら側にシフトすると、情報家電ってどうなっちゃうんですか」とよく訊かれるんですけれど、そんなの関係ないですよ。あちら側に別の世界ができて、せいぜい時間の取り合いがあるかもしれないけど。

茂木　効率が上がってくるから、ある程度のことは、むしろ両方でできる。

梅田　結局、時間の使い方をどうするか。リアルで満足な人、満足していなくても忙しい人は、リアル時間が全体の中で長いから、ネットにあまり依存しない。だけどリアルで充足しない人は、ネットの時間が長くなります。そこは無料の世界ですし。さっきおっしゃった「ホームレスの人に基本的人権としてネットへのアクセスを」というのは、本当にその通りだと思います。途上国問題にしても、最低限の社会インフラ整備のあとはネットを敷くのが大切でしょうね。

茂木　やっぱりインターネットは、いまや公共財なんですね。

梅田　だから、僕が期待しているのは、そういうことを自然に理解する感覚をごく普通にもっている若い世代ですよ。二〇一五年になると、一九七五年生まれの人が四〇歳になる。四〇歳になると、企業組織でもどこでもかなり実権をもつ。二〇一五年ってすぐ来ますよ。日本はその頃に変わる。二〇二〇年になれば、四五歳以下が全部その世代になりますからね。

†「怒り」が大事

茂木　梅田さんから、ゴードン・ベルさんの「怒り」についてうかがいましたが、僕自身も「怒り」をエネルギーにしているということがあります。その自分の「怒り」がどういうところから来ているかというと、アンダードッグ（負け犬）の義憤みたいなところから来ている。たとえば僕はユーチューブが出る前に、テレビ業界に対して怒りをもっていたんですよ。自らはコンテンツを大事にしないで、一度出した番組のほとんどが二度と見られない状態を放置している、ストックでなくフローとして垂れ流しておきながら、著作権がどうしたとかごちゃごちゃ言っている。だから前にも言ったように、ユーチューブが出てきたときは拍手喝采でした。

梅田　ゴードンの怒りと同じですよ。要するに、本来こうあるべきなのが何かの理由でそうなっていない、それに対して怒る。

茂木　怒りを創造性に結びつけると、すごくいいものができる。

梅田　ことにITに関して言うと、経験則として、ムーアの法則をはじめ、時間がたつとその怒りに追い風が吹いてくるんですね。その怒りを発生させている原因がなくなっていく。ユーチューブが出てくるというのもそうだし、ソフトウェアや音楽のダウンロードができるのもそうだし。ほっとけば、チープ革命がどんどん進んでいく。テクノロジーはどんどん怒りの原因を解消させてくれる方向に進化する。もしそう進まないなら、誰かがそれを阻んでいるからです。阻むのは、既得権を持った人たちが人為的にやっている場合が多い。わざと新しいインフラを敷かないとか、昔できた著作権法の問題とか、そういうところに今度は怒りが向いていく。そんな大きな流れに沿ってビジョンをドーンと出していくのが、たとえばジョブズのような人なんですね。

アップルの iPhone（電話とネットと iPod の機能をあわせもつ携帯端末）の発表（二〇〇七年一月一〇日）のときの、向こうでの興奮ぶりは凄かったですよ。たまたまそのときシリコンバレーで若い連中と一緒にいたのですが、iPhone の発表の情報がネットで流れてくると、ワーッという感じで盛り上がりました。ちょうど今年の一月は、ラスベガスの「コンシューマー・エレクトロニクス・ショー（CES）」とサンフランシスコの「マックワールド・エキスポ」が同じときにあったんですが、ラスベガスのマイクロソフトの新OS、ウィンドウズ・ビスタの発表と、サンフランシスコの iPhone の発表とでは、サンフランシスコのほうが圧倒的にインパクトがありましたね。ラスベガスのほうは、ホテルもがらがらだったそうです。

†自らが補助線になるということ

茂木　最近、日本語が言説空間として閉じていることから、いろいろな不具合が生じていると思っていて、去年の一一月から英語のブログ活動を重視し始めて、The Qualia Journal (http://qualiajournal.blogspot.com/) を一生懸命書いています。まだアクセスは、日本語のブログ「クオリア日記」の一〇分の一ですが（クオリア日記は一日一万二、三〇〇〇のアクセス）、少しずつコメントも来るようになっています。それもアフリカとか、インドとか、トルコとか、そういう思いがけない国々からもアクセスがある。アクセス元の分布を世界地図上で表示した解析結果を見たときの開放感は忘れられません。ところで、アルファブロガーっていう言い方を、アメリカでもするんですか？

梅田　アルファギーク、というのはよく言うんですが、それを誰かが、日本で応用したんでしょうね。アメリカではあまり聞きません。ただ最近面白いのは、若い世代のブログを読むと、アルファブロガーの方がマスメディアで認められている人より偉いという感じがある。

茂木　アルファブロガーって全くの自由競争だもんね。談合は全くない。

梅田　新聞で書いているとか、どこの大学の先生だとか全く関係ない。匿名・実名入り混じって、ただ、この人はアルファブロガーだっていうだけ。そのほうが意味があると、二〇歳くらいの子はごく自然にそう思っている。

茂木　なるほど。よし、やはり英語圏におけるアルファブロガーをめざそう（笑）。僕は、昔からものを考えるときに、「補助線を引く」ということを大事にしています。雑誌『ちくま』で「思考の補助線」という連載をやっているくらいなんですが、最近は「自らが補助線になる」ということをいつも考えているんです。自らが身を挺して補助線になり、それによって、周りの人々にこれまで見えづらかった世の中のありようが見えるようになる。そんな活動をしたいなと思うようになったんですよ。

英語でブログを書くということは、単に英語と日本語の言語圏を結ぶということだけでなくて、それこそ、自分ではコントロールできない形で結びつくということ。イギリス人やアメリカ人に向けてというより、そうした英語を通してつながる世界の思わぬ場所の人たちにとどかせたい。補助線を結ぶということを考える時、僕の場合だと「心と脳」の間に関係をつけるというテーマが大きい。梅田さんの場合だと、「リアル世界とネット世界」や「シリコンバレーと日本」など、いろいろなものを結ぼうとされているわけですよね。そういうのが美しい活動だと思うようになりました。まあ、つらいこともありますが。

梅田　つらいというか、引き裂かれるような感覚をもつことはありますね。

茂木　そういうとき、どういうふうに処理されていますか。たとえば、iPhoneを熱狂的に迎える人もいれば、きょとんとしている人もいる。そこを結ぶって、なかなか大変ですよね。

梅田　僕はとにかく両方の気持ちがよくわかる、というのが、たぶん自分の存在価値なんじゃないかなと思っていて、それらを結ぶために、自然にすーっと真ん中に入っていく、という感じがあるんですよ。どちらの議論もよく見えるというか。僕自身は、理系でずっと勉強してきたのだけれど、根がド・文系でじつは理系じゃないということがあるときわかって。茂木さんはほんとうの理系でしょ。

茂木　いや、ぼくも文理両方……。

梅田　でも、理のところを、相変わらず四〇すぎても突き詰めていらっしゃる。

茂木　いや、ただ、自分の好きなことをやっているだけですけどね。

梅田　それは、やはりド・文系にはできないですよ。

茂木　梅田さんは物事の本質をつかんで言葉にするのがうまいですよね。グーグルはインターネットを巨大なグラフ構造として解析したとか。

梅田　それは、僕からすると、文学的な側面のほうが勝っていると思っている。科学の本質に近づくことで言葉にするという感じではなく、何も知らない人が理解できる言葉で未知の対象を何とか表現することをいつも考えて、もう一皮むくとあとは何も無いというギリギリの言葉遣いを意識的にしています。でも、そこのところの是非を批判されるときがあります。

茂木　そうやって本質的な点についての批判を投げかけてくるのは実はいい人でしょ。

梅田　そうですよ。いいんですよ、本質だから。僕の摑み方というのは、やや虚実入り混じったというか、本当にもっと深いところまで行っちゃったら、そういう表現の仕方はできないだろうなという荒っぽさで、やや文学的に本質を掬ってくるやり方です。

茂木　そうじゃないと伝わらないという側面もありますよね。

梅田　そう。そう割り切っている感じがあって、もうちょっとこっちにくることも、あっちにいくこともできない場所に位置取りするから、自然に真ん中にくる。

茂木　一つのことにこだわるというのも良いのだけれども、良い意味でのあいまいさ、誤読というものを認めないと、補助線を引き、自ら補助線になることはできない。翻訳の創造的価値ということを考えます。

梅田　新しい未知の事象を、コンセプトのレベルで深くわかりやすく伝えることはとても重要だと思っています。

茂木　僕がイメージしているのは、明治時代の「ハイカラ」なんですよ。行き来しているうちに、どちらにもなかった、まったく新しいものが生まれる。ヨーロッパにもなかったもの。日本にももともとなかったもの。そういう何か、分類不可能なものが生まれるという可能性を考えています。僕のことをネット上で批判している人のもの言いに、あいつは典型的な脳科学と違うことをやっている、脳科学者でなくて「哲学者」だ、というものがある。僕のやっていることは、純粋な「脳科学」でも「哲学」でもない。まだ名前がついていないことだと自負している。大体、哲学者にも失礼です。本物の哲学はものすごく精緻な専門的議論をするわけですから。脳に電極をさして神経細胞の発火の様子を調べるような「脳科学」も大事だし、未だ名付け得ぬものについて考えることも大事なのです。

梅田　まさに、引き裂かれる思いをされているわけですね。

茂木　そうです。だからこそ、「仲間」が大事です。本当の意味での「同好の士」って、身の周りにあまりいない。心脳問題に興味を持っている人で、ある程度のレベルを超えている人は、それほどの数がいるわけではないのです。ところが、ある程度の専門知識を持っている人を時空を超えて結ぶ、強力なテクノロジーがあらわれた。メーリングリストとかブログとか。そのコミュニティのなかで行われている情報のやりとりの密度って、じつは相当濃い。大学生の頃、物理学用語の「相転移」というメタファーが好きだったんです。物理の「相転移」というのは、つまり、氷が水になったりとか、水が水蒸気になったりというようなことですが。情報のやりとりがある程度の密度になると「相転移」が起こると考えた。

大学生の頃、僕はどちらかというとアナーキストだったから、どうしたら国境を無くせるだろうと考えていた。ある領域の中で情報のやりとりがたくさん行われている一方で、その領域の外部とのやりとりはあまり行われていない状況があるとする。そのとき、行き交う情報量の濃淡によって浮かび上がる境界線として国境というものが定義される、と考えた。だとすると、その境が区別できなくなるくらい領域の内外でも情報のやりとりが行われれば、国境が事実上消滅する。そのために障害になっているのが通信費だから、国連が旗振りして、国内通話と国際通話を全部均一料金にすべきである。そういう論文を書いたことがあったんです。残念ながらその頃、インターネットというツールは頭にありませんでした。電話というツールしか考えられなかった。

梅田　インターネットがそのビジョンを実現してくれた。

†ロングテールの意味は「人間はすべて違う」

梅田　最近、改めて気付いたのは、ロングテールというのは深いなということです。というのは、人間のロングテールって何かと考えたら、「すべての人は違う」ということなんです。ロングテールってグラフを適当に書くと、ななめの部分、恐竜の胴体の部分があるような気がしてしまいますが、本当に計算してグラフを書くと、実際はこの部分はほとんどなくて、縦軸と横軸の直角（L字型）に近い。結局、縦軸を選びますか、横軸を選びますかという議論になる。この横軸に六〇億人が並んでいる。人間のロングテールと考えると。

茂木　そうかもしれない。たとえば、モーツァルトのような人は二度と現れない。あらゆる個人は一回限りの存在です。そういう意味で、ブログによって一人ひとりの個性が顕在化し、見えてくるのは、実質的な意味でのメディア革命ですね。ある時期からネット上のプラス・マイナス評価のパターンそのものが個性だと思うようになりましたが、そのプラス、マイナスをもう少し突き詰めると、そういう議論になるんでしょうね。一人ひとりかけ替えのない存在である、という議論に。

梅田　プラス、マイナスというのは、ある抽象度で分類した結果ということですよね。僕は、自分の著書についてのネット上の感想を全部読んでいるんですよ。いろいろなブログ検索エンジンをみんな使って。いつまでも全部読もうと思っています。これまでにたぶん二万近く読んでいて、記録しているものだけでも一万くらいある。『ウェブ進化論』『シリコンバレー精神』それから『ウェブ人間論』の三冊で、そのくらいの数になっている。

それを続けてみた結論というのは、人間というのは全部違うということ。『ウェブ進化論』でいうと、二五六ページのテキストですから、無限ではなくて一六万字くらいなんですね。一六万字のなかの、どこに注目し、何を考えるかというのは、一人ひとりみな違う。実験として、自分の本を取り巻いて何が書かれているかということを、一応全部なめてみようと。そうすると、そこから先に何かが見えてくるかなと。

茂木　ネット上での接触って、リアルのコミュニケーションに比べて、いろいろなものが抜け落ちているから、たとえば、人格の陶冶《とうや》には使えないというような意見がいままで主流だったでしょ。ただし、一個一個の局面にこだわるとたしかにそのとおりかもしれないけれど、トータルに全部引き受けてみていくと、集合的概念としての人間のようなものが立ち上がってきて、それは、自分というものを鍛えるのにとても役立つような気がします。僕には実際に役立っていますから。へんな人も確かにたくさんいるんだけど、そのへんなベクトルの向く先が人によって皆違う。村上春樹さんが、「僕の作品は誤読の集合」と書かれていた、とおっしゃっていましたが、一個一個つきあっていくと大変なんだけど、全部集めてみると、ある姿を取り始めますよね。

梅田　逆にそれによって改めて自分の本が規定されるのでしょうね。だから、サンプルをとるのでなくて、全数でいこうと。そこにすごい時間的投資をしていて、それが実を結ばないと、僕としても四十代の貴重な時間をかなり使っているわけなので(笑)。

†日本の外に開かれた偶有性に身をさらす

茂木　平野啓一郎さんと梅田さんとの対談(『ウェブ人間論』新潮新書)の話題でもあった、ネットで人間性がどう変わるか、人格がどう陶冶されていくか、ということに、僕も興味をもっています。人間の成長を分ける大きな分水嶺は、偶有性をどう受け入れるかということだと思う。成長する能力のある人というのは、自分にとって痛いこと、つらいこともきちんと受け入れて、それを乗り越えていける人だと思うんですよ。ネットってまったく無制約にいろいろなものが入ってくる場だから、偶有性に身をさらす上で、これ以上の場はない。ふつうのマスメディアだと何重にも守られていますから。

梅田　ブログを書くのは、修業みたいな感じですよね。

茂木　史上、名をなした文化人って、いまから見るとはっきりと定まった姿をしているように見えるんだけど、同時代的に見ると、大変な毀誉褒貶《きよほうへん》のなかにいたわけですよね。そのような波乱の中で闘うことで、人間として成長した。いまはごく普通の人でも、ネットというものを使うと、昔なら一部の公人にしか与えられなかった試練にさらされ、成長することができる。

梅田　茂木さんがSNSで知り合いどうしでやっているのはヌルい、とおっしゃったのは、そういうことですよね。

茂木　僕は、日本人は国際的な舞台でそれをやっていないと思うんですよ。僕は日本の知識人に対しては大きな不満があるんです。むろんその中には自分も含まれますが。文科系の先生は内弁慶。理科系の先生は、ノーベル賞くらいはとるけど、これまでのパラダイムを変えるような仕事をした人って、おそらくいままで誰一人としていない。もちろん、ノーベル賞をとれれば大したものですが（笑）。日本の知識人が世界に出て行くときは、いつも猫をかぶって出て行く。引用するのは、フッサールとかカントとかマクルーハンとか、つまりあちらの知の権威ばかり。そうすれば向こうの人は、「名誉白人」として遇してくれる。しかし、それでは面白くもなんともないんです。

僕が英語のブログで実験しているのは、たとえば、小林秀雄や内田百閒や本居宣長など、日本の文化の中で自分の好きなことについて書きながら、英語だとどんなふうに受け取られるのか、ということなんです。これは下手に書くとエキゾチシズム風になるし、負け組っぽく見えてしまう。世界的に見て美しい形にする上では、難しい問題はいっぱいあるんですが、どこかで自分をそういう形でさらさないと話が始まらない。

偶有性に身をさらさなきゃいけない、ということは、個人に限らない。外に開かれた偶有性に身をさらす、ということを現代日本人はあまりしていない。僕は切り込み隊長としてやろうかなと思っている。梅田さんもシリコンバレーにいて、そういうことを思っていらっしゃるんじゃないですか。

†実験は大事だ！

梅田　そうですね。ただ、偶有性のソースを世界にというお話を聞いて少し耳が痛いんですが、ある時期から僕は、どうにも日本のことが気になってきて、住んでいるのは向こうでも、発信している先は日本語圏に向けてが中心になり、日本語でものを書く比率がかなり高くなってきた。

茂木　とても大事なお仕事だと思いますよ。

梅田　英語で身をさらして、ということを、本来はやったほうがいいのかもわからないけれど、向こうにいるからこそ、日本のことが見える気もして、日本の社会に対する怒りもベースにあって、日本に向けてばかりになってしまっている。時間は有限だからと言い訳しつつ。

茂木　僕もイギリスにいたときは、日本に向けてやりたいという気持ちが強くなった。逆にいうと、東京にいるからこそ、世界に向けてそういうことをやらなければいけないと思っている。一つの実験をやりたいんです。

梅田・茂木　（同時に）実験って大事ですよね。

茂木　ネット上の実験は大事ですよね。ネット上で実験をやろうと志向していることは、僕と梅田さんの共通点かもしれません。

梅田　自分で人体実験をする。それは自分の責任でできる。

†「本」とは錨をおろすポイント

茂木　ネットというのは、本よりも深い偶有性に満ちた場かもしれませんね。

梅田　ただ、僕がいま面白いと思っているのは、ネットだけでなくて、「本」と「ネット」

を結びつけることなんです。茂木さんのブログへのアクセスが、一万二〇〇〇とおっしゃっていましたが、僕のブログが八〇〇〇くらい。特別話題になるようなことを書いたときは別ですが、ふだんはそのくらいで安定。ＣＮＥＴブログ連載のときが一万五〇〇〇から二万くらい。これは、更新頻度とか、エネルギーの入れ方とかの違いなんですが、それでも、固定客の人がせいぜいそのくらいで、そこを超えようとしてもなかなかそれ以上いかない。そうすると、ネット上での人との関係がちょっとパターン化してくる。

本のほうだともっと広い感じがして、それが、ネットにかえってくる。不思議なことに、本についてはたくさん書込みがあるのですが、雑誌、新聞に僕のインタビュー記事などが載っても、それについてのネットの書込みは、ほとんどゼロなんですよ。いくらその雑誌が数十万部、新聞が数百万部出ていても、本とは読まれ方が違っていて、それについてブログで書こうという気にならないのでしょう。万単位に対してほぼゼロという違いは、何か本質的なことを意味してはいないだろうかと考えています。

茂木　いま、お話をうかがいながら、もやもやとしていたことがはっきりしました。本というのはリアル世界だけの存在だと思われがちだけども、ネットの海、情報の海に、空から降りてくるときに、錨をおろすリファレンス・ポイントになるんですね。雑誌は、そういう錨をおろすポイントになっていない。

梅田　本も雑誌もどちらもデジタル化されていないから、その内容について語るとき、ネットに書き写す手間は変わらないから、その点で差異はない。どちらかがコピー&ペーストできるから、ということではない。でも新聞・雑誌の記事は、ネットで書く対象にならない。

茂木　逆に言うと、ネットがあまりにも日進月歩で動いていくから、固定した情報というものをほしがっているのかもしれない。そこで本というものがある種の役割を担っていく、ということはありえますね。

梅田　フローとして流れていく雑誌・新聞というのは、わざわざ錨には使わないということか。

茂木　僕は、インターネット時代には、逆説的ですが、古典的な教養というものが、復活するんじゃないかという気がしています。総合的な視座が求められる世になるから、かえって、それこそ孔子だとかゲーテだとか、総合的な知を実現した人たちに関心が再び向かうだろうというのが僕の直感です。ネット時代の教養における「固定点」のような役割を本がするのかもしれませんね。

梅田　移ろいゆくものの参照点として。

†インターネットは「言語以来」

梅田　茂木さんのお考えを教えていただきたいのは、「インターネットは人類の歴史で何以来か」ということです。というのは、『ウェブ進化論』が出てすぐ、読売新聞の書評で、インターネットについて「人類史上、おそらくは「言語」が獲得されて以来最大の地殻変動」とお書きになった。僕はそれまで、そんなにすごいことを言ったことがなくて、もう少し手前の、印刷以来かなとか、産業革命以来かなとか、コンピュータができて以来だとか、五〇〇年前か、一〇〇〇年前か、二〇〇〇年前か、五〇〇〇年前か、みたいな議論を皆としていた。そのなかで茂木さんがパーンと、たぶん脳を研究されているからだと思うんだけど、「言語以来」とおっしゃった。それは、僕にとってとても新鮮でした。「違和感つきの新鮮さ」というか。

茂木　僕はいまもそう思っています。

梅田　そこをもうちょっとはっきり言語化してほしいんですが。

茂木　僕はこの件については本当に全面的にネットの側につこうと思っているんです。というのは、我々が脳を研究しているなかで出会った「偶有性」という概念がネットほど具現化されたものって、人類の歴史上、存在しないんですよ。考えれば考えるほど Insanely

Great（めちゃめちゃすごい）。まだ我々は把握し切れていない。

梅田　まだまだ始まっていないですよね。

茂木　ネットが提供してくれる、とてつもない条件に気づいてしまったんです。ネットは、人間の「学ぶ喜び」を深め、加速する。いま、猛勉強しようと思えば、たとえば物理でいうと、「超ひも理論」に関する最新の論文だって、ネット上にいくらでもただで載っている。一般相対性理論についても、量子重力についてもそうだし。脳科学関係、認知科学関係も、とんでもない数のリソースがある。

僕は小学生の頃に、どういうことをしたら脳が喜びを感じるか、ということを自覚したんです。偶有性のなかに自分を置いて、自分にある適度の試練を与えて、それを乗り越えたときに、ドーパミンが放出されて、強化学習が成立する、ということを自覚した。「ドーパミン」とか「強化学習」という言葉はもちろん知りませんでしたが、いまのタームで言えば、そのような感覚を持った。

偶有性の喜び、自分の人格をより高度なものにしていく喜びは、おそらく人間が体験できる喜びのなかでももっとも強く、深い喜びではないでしょうか。食べる喜びなんて、おなかがいっぱいになっちゃえば終わりだし、性的な喜びだって限界がある。学ぶ喜びって、限界がないんですよ。インターネットというものが、「学ぶ」という最も根源的な、オープンエンドな（終わりのない）喜びを大爆発させる機会を与えている。まさに、「知の世界のカンブリア爆発」です。しかも、一部の特権的な人だけにでなく、あらゆる人に、発展途上国の人にも、その可能性が広がっている。基本的な認識はそこなんです。人間の脳の報酬系、強化学習のプロセスに作用する。触媒としての機能ですね。

梅田　なるほど。言語を獲得したときも、脳が喜んだわけですね。

茂木　要するに、それが現れたことで、脳の使い方がまったく変わったもの、ということで、「言語以来」という言い方が成立するのではないか。言語によって脳の使い方が劇的に変わったんだけど、インターネットによっても変わるポテンシャルがある。でも、まだその可能性にまだみんなあまり気付いていない。

梅田　どのくらい変わるのかなあ。

茂木　人間は快楽主義だから、楽しいことをどんどんやろうとする。思っている以上に変わるかもしれない。ほんとうに、素晴らしい機会がいま訪れていますよね。動画でも何でも、たとえば大学の講義のようなものでも、タダに近いかたちで入手できる。そういうときに、大学などの既得権益を保持する側がどういう反応を示すか。でも、長い歴史の中で人間の社会は必ず学ぶ喜びを青天井に開放する方向に変わると思います。

梅田　少し違う角度から僕も考えていることがあります。とりあえず分かりやすく「善悪」という言い方をしたときに、インターネットというものは「善を集積していく」というイメージをもっているんですよ。悪を集積するというのがなかなかイメージできない。そのことは「知の喜び」と深く結びついているのかもしれません。

インターネットの一二年の歴史の中で、悪ってあちこちにありますが、それはこそこそやるもので、悪が連鎖して膨れ上がっていく感じがあまり無い。もちろん「こういうサイトは見ちゃいけませんよ」というタイプのものはたくさんあるんだけど、いま茂木さんがおっしゃった「知の喜び」「学習の喜び」のほうが奥が深く、普遍性があるから、トータルでインターネットのインパクトを考えたときに、善性が自己増殖してくるほうが表にでてくる。そういう仮説を僕はもっています。そういうことを言うと、また「バカだ」って言われるだろうけれど（笑）。

茂木　それが「ビジョナリー」ということですよ。梅田さんのビジョナリー性だと思うんですよ。

†「談合社会相対化」が共通ミッション

茂木　僕はウィキペディアが出てきた意味って、まさにその「善性」の蓄積だと思う。

梅田　ネットでの「学ぶ喜び」が、まさに人間の「脳の喜び」として言語獲得以来のものだとする。そして「知」というものの人間にとっての重みを、ものすごく大きなものとして見る。そう仮定すると、これからきっといいことが起こりますね。

茂木　ネットにつながると、そこにとてつもない図書館がある。アレキサンドリアの図書館なんて目じゃない。そのことにどれだけ早く気づけるか。前にお話ししたとおり、もはや個人は必ずしも組織に属する必要はない、本当はホームページ一つがあればいい。だけど、まだ現実の日本社会との齟齬は大きいですよね。僕の友だちのフリーのライターも、フリーだから、組織に属していないからというので、不動産屋に家を貸してもらえなかった。アメリカでもしそんなことがあったら、どうなりますか？

梅田　そういうことは起こりません。

茂木　それだけじゃなくて、たとえば、しばらく前には、日本の企業は「下宿の女子学生は採用しない」という意味の分からないことをやっていた。

梅田　逆のことで考えてみればいいと思うんだけど、僕は九四年の一〇月にアメリカに行きまして、二年半後に会社を辞めたんですね。でもそれ以後、組織を離れた、しかも外国人である僕に、そういう困ったことって起きてないですよ。オフィスを借りるとか、家具を買うとか、何も支障ないですよ。家を買うときだって。

茂木　最初からアメリカの社会は2・0的にできているんじゃないでしょうか。つまり、誰が来たって、ちゃんと手続きを通せば大丈夫。日本は談合社会ですね。「こうあるべし」という人間の型を決めて、そこから外れた者に冷たい。フリーのライターだってたくさん稼いでいる人はいるんですよ、下手な正社員よりも。どちらが踏み倒す可能性が高いかと考えたら……。経済的・法的にきちんと考えを詰めているわけではないんですよね。もしリスクがあるというなら、保険をかけてヘッジすればいい。そのリスク分、たとえば三％だったら、三％だけ家賃を上げればいい。やはり日本社会は、ウェブ2・0的にできていない。

梅田　談合社会の中に入って仲間になれという圧力が、日本社会のありとあらゆるところでとても強い。

茂木　そんなことを言っていると、世界から取り残される。僕は日本はいい国になってほしい、本当の意味で「美しい国」になってほしいんだけど（笑）、その意味で、談合体質は取り壊さないと。

梅田　さっき、人体実験やっているところも共通点だという話になったけれど、談合社会をぶち壊したいとか、あるいは、ぶち壊さないまでも相対化したいということは、たぶん、茂木さんと僕の共通ミッションだと思うんですよ。我々は「フューチャリスト同盟」だっていう合意に、「人体実験同盟」と、「談合社会相対化同盟」を加えましょう。

†無料とはfreeである

茂木　「大学を相対化する」というのもありますね。「知識の無料化」って本当に大事なことだと思っていて。「すべての人に知の喜びを」というのが、僕のミッションの一つだと思っています。

梅田　「無料」って、英語でいうと「free」ですよ。

茂木　そうか！　自由という意味もありますね。そういえばそうだな。

梅田　「free」が自由の意味なのか、無料の意味なのか、ということは、オープンソースの世界などでの議論のときに、英語圏では常に出てきます。オープンソースという言葉は、一九九八年にあいまいにつくられたビジネス用語です。ビジネス用語だから人口に膾炙してきたということがあります、論争が起こりにくい言葉だということで。「オープンソース」の前は「フリー・ソフトウェア」と言っていた。そのときの「フリー」というのは何なんだ、という議論が、この言葉を使う限り、いつもあるわけですよ。「無料」なのか「自由」なのかと。

そのどちらに重きをおいたものの考え方をするのかとずっと喧嘩している人たちがいるくらい、その二つの違いは大事なことです。日本語で書くと「自由」と「無料」は全然違う言葉なんだけれど、英語だと同じだから、そのどちらに解釈するかということをあえて意識的にやらなければいけない。でもだからこそ、同じ言葉なんだということが大事なポイントだと思うのです。

茂木 やっぱり、英語で話されていることと、日本語で話されていることは全然違うんですね。最近のマイブームに、「可能無限」という概念があります。もともと数学用語で、自然数を1、2、3……と数えていったときに、どんな大きな数（n）を考えてみても、さらに大きな数（n＋1）を、可能性としてどこまでも提示できるということ。可能無限は、「もうひとつ増やす余地がある」という意味での「空白」によって常に支えられている。

他方、実無限（本当の無限）というものは、実際に我々が扱うことはできない。私たちは実無限を決して知りえないし、人生において手に入れることもできません。人間に与えられた時間には限りがある。にもかかわらず、若者が「また次の日がある」と思いつづけられるのは、じつはそれは可能性としての無限にすぎないにもかかわらず、実無限であるかのように感じることができるからです。ただ、そのことの効用は大きい。

いまの「フリー」って、ネット上に可能無限を実現していく上で、大事な要素だと思います。つまり、僕がウェブ上においているものって、本一冊分であっても、一切パスワード保護をしたくないんですよね。課金もしたくない。なぜかというと、ネット上はまさに可能無限の宝庫で、それはリンクをどこまでもたどっていくことができるから。実無限は手に入れられないけれど、ネット上ではまさにフリーで、どんどんと歩みを進めることができる、可能無限が実現している。それが有料化でプロテクトされると、有限の世界にもどってきてしまう。

梅田　ネットというのはそういう敷居というか壁をつくったとたんに淘汰される。

茂木　誰も見向きをしなくなる。

梅田　そこが面白いところで、例の「Information wants to be free.」という言葉と深く関係してきます。情報というのはそういうものである、そうでなければいけない、というビジョナリーの怒りが端緒になっている。

オープンソースに関して言うと、リナックスの説明として、カッコ書きで「無償ＯＳ」とか「無料ＯＳ」とか書いてあることがある。そういう書き方をすると分かりやすいから、僕もわざとそう書いたことがあるんですが、そう書くと怒る人がいる。あれは無料なんじゃない、自由なんだと。あのＯＳは自由を表現しているんだ、と。無料なんていう小さな概念じゃないんだ、と。一番の原理主義者たちの主張です。

ただ、そのことを言っていただけでは世の中は動かなかった、ということも、もう一つ重要なことなんです。フリー・ソフトウェアにオープンソースという仮構を、そして「自由」の上位にこれは「無料」なんだという仮構をほどこしたことによって、つまり「自由」より「無料」のほうが世の中の人にスーッとわかって、ビジネス社会にも受け入れられて、それによって世の中が変わっていき、根底にある自由の概念も結果として広がっていった。

†過去の思想でいま起こっていることは語れない

茂木　そこらへんのコンセプト・ワークのところに面白い問題がいろいろとあって、まだミネルヴァの梟が飛んでいない気がする。たとえば、マルクスの資本論で、資本主義が批判されて、それを乗り越えようとして共産主義などが提唱されたわけだけれど、オープンソースというのは、あるいは知識がフリーだというのは、ある意味、共産主義の理念に似たようなことを情報というドメインでやっている。

ところが、起こっている現象というのは、資本主義とものすごくかっちりと結びついて、フリーという名のもとに作られたアーキテクチャーの方がプラットフォームとして広がって、その参画者が莫大な利益を得たりする。従来の資本主義に対する共産主義とか、そういうメタファーでは、まったくとらえきれない。そこで、グーグルがオープンソースのいろいろなものを使っているにもかかわらず、そこから得られる利益を独占しているという批判があったときに、どういうふうに着地させるのがフェアであるとか、そうした問題は、まったく未知の領域に属する。

梅田　過去をリファレンスすることができない。

茂木　荒野ですよね。未開の荒野。

梅田　その通りだと思います。僕は、いま起こっている現象を、過去の思想家の考えや過去の現象とのアナロジーで解釈しようとする人が多すぎる気がしている。たとえば近代に起きてきたことの流れを前提に、ネット世界でいま起きているある現象が過去の何かと似ていたら、その過去の推移と必ず同じことが繰り返されるだろうと考える。それを前提に、過去の思想とか哲学を現在にあてはめて議論しようとする。僕はそこがいまのネットの言説をめぐる大問題だと思います。

たとえば一八世紀頃の啓蒙主義の流れと、いまの時代が似ている部分がある。ところが、その啓蒙主義が何を生み出したか……といってネガティブな主張になる。人間の理性信仰が、一九世紀から二〇世紀に向けてとんでもないことを引きおこしてきたではないかと。そのことを絶対のファクトだと考えて現在を見ようとする人が多いんだけど、茂木さんがおっしゃったように、人間が言語獲得以来の変化のところにいるのだとすれば、その変化の分を本当に重く受けるとめるのだとしたら、一八世紀の啓蒙主義の流れはマイナスの方に向かっていった部分もあったろうけれど、こんどはプラスのほうに向かっていくかもしれない。少数派でもいいから、僕はそういうふうに考えたい。

茂木　ソーシャル・ストラクチャーとか、個人と組織の関係とか、国だとか、すべて変わるわけですからね。ひょっとしたら旧来の思想だって絶滅するかもしれないのに。そういう意味では、真剣にフューチャリストにならないと新時代は開けない。

梅田　そう。だから、何を言うときもバカと言われることを覚悟しなくちゃいけない、と最近思うんです。

†ネット以前・以後は「相転移」

茂木　まさに、メタモルフォシスですね。完全変態の昆虫が、幼虫からさなぎになって蝶になるでしょ。さなぎになったときに、昔の細胞組織が全部死ぬんですよ。どろどろになって、いったん痕跡もなくなったあとで蝶が出てくる。「相転移」ってその前の秩序が全部消えちゃうんですよ。それで新しい秩序ができる。

言語が出来る前とあとでも人間のあり方が変わってきてしまった。それを懇切丁寧に書いたのが、ウィリアム・ゴールディングの『後継者たち』（中央公論社）という小説です。

ネアンデルタールが言語をもたないで、そのかわりにピクチャーという直観像にもとづいて思考している。逆に、現生人類はその直観像をもたずに言語によって思考している。直観像にもとづく思考が失われて言語になっていく過程を描いているのですが、ひょっとしたら、インターネットの登場によって、相転移というメタファーでとらえられるように、いまの概念セットがいったん消えてしまうのかもしれない。

そういう意味でいうのなら、「言語獲得以来の地殻変動」という表現も有効かもしれない。リンクっていうのも、従来の概念ではとらえ切れないですよね。ブログだって。日記というのと明らかに違う。

梅田　ゆっくりゆっくり変わっていくんだろうとは思うけれど、でも、確かに、インターネットの存在を前提として育った世代は、もう相転移しているのかもしれない。彼らの世代には、情報の私有というものを悪だと思っている人が出てきていますよね。自分が隠匿しておくことに罪悪感を感じる。情報だけでなくて、モノをもたない、ということのほうが正しいと思っている人がいます。

茂木　ネットのこちら側に私有するのでなくて、あちら側にあげちゃう。

梅田　その感覚でリアルライフも生きる。すごい手ぶらな感じの人たちというか。全部あちら側、共有スペースにおいておく。たとえば、「本はなくならない」と基本的には思っているんだけれど、ふと不安になるのは、僕の本を読んでの感想のなかに、本の内容を絶賛してくれる長文の書評の最後に「ああ本当に面白かった。さてブックオフに売りに行こう」というようなのがある（笑）。僕らの感覚では、そんなに面白かったのなら家に置いておいてよ、と思うんですが。

茂木　僕なんかも、自分はもしかしてすでに相転移しているかな、と思うのは、たとえば昔だったら、ハンドルネームの人に対して、「この人は実社会で何をやっている人かな」とか気になったんだけど、いまは僕のブログにコメントを書いている人がリアルで何をやっている人かなんて全然気にならない、知りたいと思わない。ネット人格で十分という感覚です。ネット上の人格の時価総額のようなものがある。

梅田　たとえば、日本のネットベンチャーでも採用するときに、その人のブログを重視していますよ。面接一時間とか二時間はごまかせても、ブログ半年分とか一年分はごまかせないから、そのほうが信頼に足る情報だと。ブログ上にソフトウェアの作品をのせている人の場合は、当然それを見る。ポテンシャルをブログに見る、ネットの時価総額で見る、というのがエントリー・ポイントになるわけです。でもそこから先には、リアルな人間の組織というのがあるから、ネット上のプレゼンスだけすごいからいい、ということにならない。そこからは、リアルとネットの「合わせ技」になる。

会議でも、ネットの上で議論をやりつくして、それでもできないことをリアルの会議でやるぞ、と決めて会議をすると、とんでもなく生産性の高い会議になります。

茂木　登山の比喩で言うと、ネットでベースキャンプをつくって、そこからリアルで頂上にアタックするようなことなのでしょうね。ネットとリアルの関係ってまだ見極められていない。フェーズがどんどん変わっていく。

梅田　一二年でこう変わった、一二年の最後の二年でこう変わった、だとすると次の五年とか一〇年とか一五年が、どういうカーブの仕方をするにしても、とんでもない変わり方をする。そういうものの考え方をせざるをえない。そう言っておかないと、絶対にはずれるだろうと思う。

†生命原理に反することはうまくいかない

茂木　ネットが人間の脳に対して、なんでそんなに相転移的に働くのか、ということについて考えていくと、一つのビジョンが見えてくる。それは、われわれの脳自体が、まさにウィズダム・オブ・クラウズだということです。というのは、脳の神経細胞は、一つひとつが、それぞれ一万くらいのシナプス結合を結んでいて、情報を自由にやりとりしているんですが、神経細胞一個一個のレベルは、たいした知恵はない。人間の脳って、これまでのフィジカルなコンテンツのなかでは、それほどの情報交換をしていないんですよ。せいぜい知り合いと会って話し込む程度のものですから。

ただ、ブログやメーリングリストやスカイプ（ネットを利用した無料通話）なんかを使いまくると、しかも記録して、コメントして、トラックバックできるようになると、脳同士のインタラクションが、いままでとは比べ物にならないくらいの複雑なネットワークを織り成すようになるんですね。そこで生まれてくるウィズダムというものが、人類を次のステージに連れて行く。もちろん、個々人は一人ひとりがんばり続けるんだけど、それ以上に集団のウィズダムが重要になってくるというのが、論理的な必然なんだと思う。

梅田　おそらくそれを阻むのが古い抑制で、古い仕組みのなかで培われてきた常識が、それを阻む。それはイナーシャ（慣性）が結構大きいから、変わるのに時間がかかる。

茂木　警戒心を解くというのが、ネットで生きるための大切な知恵だと思うんですよ。僕はいろんな情報をネット上で公開していますが、そういうことができない人って、やはり警戒心がある。著作権フリーでおいておくと、悪用されてしまうんじゃないかと。でも、コミュニケーションを阻む最大のものは警戒心ですよね。あるいは、免疫作用というか。自分を守ろうとする気持ち。そういうものを取り払ってオープンにしていかないと。

梅田　オープンというものも、奥が深いなと思う。

茂木　オープンにすることは、人によっては不安や恐怖の対象になる。自分というものをかたくなに守っているのが、一番楽なんです。でも、過去の歴史でそれなりに名をなした人というのは、みんなオープンにして、外界とのやりとりのなかで時にはぐちゃぐちゃになりながら、そこを乗り越えて、偉大なことをなしとげてきた。

要するに、オープンにして偶有的なプロセスでやっていかなければ、生命体の成長ということはありえない。それは生命の一大原則なんですよ。ミトコンドリアなんて、もともと別の生物だったものを取り込み、共存したもの。だからこそわれわれは酸素呼吸ができるように進化した。セキュリティの問題にしても、がちがちに周囲をかためちゃう人は、生命原理からはずれている。インターネットって、生命というものがどう進化してきたか、という生命原理に近い事象を、人間の脳とか情報の領域におこすツールという感じがしている。

生命原理というのは、近代が追求してきた「管理する」などの機械論的な世界観にはなじまない。本当の生命原理は管理できるものでないし。オープンで自由にしておかないと、生命の輝きは生まれない。結局、インターネットが人類にもたらした新しい事態の背後に隠されたメッセージは、一つの生命原理ということだと思います。命を輝かせるためには、インターネットの偶有性の海にエイヤッと飛び込まないと駄目なんです。

梅田　それを伺って、自分が目指している方向は間違いじゃないと、自信が出てきました。

茂木　生命原理に沿うということが間違いであるはずがありません。たとえその過程でいろいろなことがあったとしても、最後は必ず私たちの生にとって愉しき未来にたどりつくことでしょう。

梅田望夫特別授業
「もうひとつの地球」

†コンピュータとの出会い

おはようございます。今日は大変緊張しています。僕は子供がいないので、君たちみたいな中学二年生がどういう感じなのか全然よく分からないので。今日は僕がいま考えていること、みなさんにどうしても伝えたいことをお話ししたいと思います。

最初に、ちょっと手を挙げてください。

インターネットを使う人。（ほぼ全員から手が挙がる）　これはほぼ全員ですか。使わない人はほとんどいないですね。

携帯メール。（大多数から手が挙がる）　これも全員かな。使わない人は？　（ぱらぱらと手が挙がる）　使わない人もいますね。

グーグル。（さーっとほぼ全員が手を挙げる）　これも、ほとんど全員ですね。

次は、ユーチューブ。（会場、笑い。そしてためらいがちに半分くらいの手が挙がる）　ユーチューブはちょっと分かれている。使わない人、使ったことがない人。（半分くらい手が挙がる）　半分半分ですね。

次はブログ。（ほぼ全員が手を挙げる）　その中でブログを書いている人は？　（すーっと手が下がっていく）　書いている人は少ないですね。ブログという言葉を知っている人、誰

写真提供：慶應義塾普通部

かのブログを読んでいる人はたくさんいるわけですね。

では、「はてな」っていう会社を知っている人は？　（二〇%くらいの手が挙がる）　これは僕が経営に関与している面白い会社なんです。

インターネットを面白いなと思っている人？　（七〇%くらいの手が挙がる）　はい、わかりました。

簡単に自己紹介しようと思います。僕は三〇年前に慶應義塾普通部を卒業しました。ここ普通部には本当に久しぶりに来ました。ちゃんと訪ねたのは三〇年ぶりで、たいへん懐かしい思いがします。いま四六歳です。それで、普通部の一年のときに——君たちは二年生ですが——一年のときというのは一九七三年で大昔ですが、そのときにコンピュータと出会いました。それは、当時はとても大変なことでした。アメリカでパソコンの原型が生まれたのが、一九七五年くらいですから、それより前にコンピュータを使わせてもらえる、しかも中学の一年生で、っていうのはすごく新しいワクワクすることでした。講習が放課後にあって、どうやってプログラムを書くかということを教わりました。大学の方に情報科学研究所という施設があって、そこに行って大学生に混じってプログラムを書いて、それを大型コンピュータに通すのです。

大学も工学部に進んで、大学院までずっとコンピュータのことを勉強しました。それから、そのままコンピュータの技術者をやる道ではなく、もう少し広いビジネスの世界に進みたくなって、いろんな偶然があってアメリカの会社に入りました。

それで、ちょうど一二年前、一九九四年にインターネットの時代が到来しました。君たちが生まれた頃というのは、まだインターネットが無かった。厳密に言えば研究段階ではあったんですが、一九九三年から九四年にかけて、シリコンバレー発でインターネットの波が来ました。シリコンバレーで新しいこと、面白いことが起こっているということを知って、どうしてもそれを現地で見たくなって、それでその地に引越すことにしました。いまから考えると、大きい決心をしたものです。そうして、一二年前に東京での生活を全部引き払って、妻と二人でシリコンバレーに引越しをしました。

シリコンバレーというところは、アメリカの西海岸のサンフランシスコから南に車で四〇分くらいのところですが、ここの住人は世界中のいろんなところから集まってきています。人口が二五〇万人くらいですが、たとえば中国人やインド人などがそれぞれ二〇万人とか三〇万人とかいて、要するにアメリカ人ばかりでない場所です。世界中からＩＴやバイオなどの最先端の仕事をやりたい人が集まってきている、ちょっと不思議な場所です。シリコンバレーの人たちはみんな結構、楽天的です。何かをやろうとしたとき、本当にそれができるかできないかというのは、やってみなければわからない、でもやってごらんよ、という雰囲気が満ちている場所なんです。僕もあまり成算みたいなものはなかったけれど、自分で会社を始めようと思って、一九九七年五月にミューズ・アソシエイツという会社を作って、現在に至っています。

†「もうひとつの地球」とは

僕が今日皆さんに言いたいことは大きく分けると二つで、一つは「これから素晴らしい時代がやってきていて、そういう時代を生きる君たちが心からうらやましい」ということです。世の中というのは、いいこともあり悪いこともあるけれど、これから君たちが生きていく二一世紀は、素晴らしい時代だと僕は信じています。もちろんそれはインターネットがあるからというだけではないですが、二〇世紀より二一世紀のほうが、かならず面白い時代になると思っているのです。それと、僕はインターネットの世界の出現を、「もうひとつの地球が生まれようとしている」ととらえています。今日のポイント、メッセージとして考えていることの二番目です。

そもそも「もうひとつの地球」というからには、まずリアルの地球、第一の地球があります。ネットの空間というのは、そのリアルの地球と同じくらい大きく、「もうひとつの地球」だというくらいにこれから発展をしていく、ということです。インターネットが世の中に出てきてから、まだわずか一二年しか経っていません。これから二〇五〇年、二〇六〇年、二〇七〇年くらいまでにかけて、リアルの地球と対《つい》になったような空間ができていきます。

それがどんな空間かというと、「知」や「情報」の世界です。ここは違う物理法則で動く地球です。地球上というのはいろんな物理法則で縛られている。ところが、情報というものに関しては、インターネット上では情報の伝播速度がほとんど無限大です。情報を複製するコストはほとんどゼロです。まったく違う物理法則で動いているから、リアルの世界と違うことが起こります。

まだたかだか一二年の歴史しかないから、いま起こっていることは、本当に始まったばかりです。さっきほとんどの人が手を挙げたグーグルという会社がシリコンバレーにできたのは一九九八年、わずか八年前。グーグル本社は僕の家から車で一〇分くらいのところにあるのですが、とても面白い会社です。

たぶん、何か知りたいことがあるときに、グーグルの検索エンジンに向かって言葉をいくつか入れますよね。そうすると何かでてくる。その上のほうから順番に読んでいく。これからはおそらく、知りたいことがあれば、インターネットで映像まで手に入るようになります。さっき手を挙げてもらったユーチューブなんていうのは、できたばかりの会社です。二〇〇五年の二月にできて、サービスが始まって、いま世界中の人たちが利用している。ああいうのを使うと、みんなが自分で表現し録画した映像を世界に発信することができる。いずれそういう映像もおそらく全部整理されて、全部簡単に手に入るようになります。

それから、これもグーグルがやっているプロジェクトですが、世界中でいままでに出版された本、数千万冊の本を、全部インターネットの空間にとりこもうとしています。五〇〇年前、四〇〇年前に出た、もう手に入らないものもありますが、世界のいろんな図書館に存在して見ることができるものもある。こういう過去の本のすべてを、毎日毎日グーグルはスキャンしている。全部の本を一ページずつ。それを全部分析して、たぶん一〇年後、一〇年後というのは君たちが大学を出る頃ですか、その頃には、世界中の過去の本で重要なものは、全部インターネットの空間に入っている。いままでは、飛行機に乗ってどこか外国の図書館にいっても、貴重な本だとなかなか見せてもらえなかったりしたのが、自分の机の上のパソコンでダウンロードして読むことができる。そういう時代になります。

自分が考えたこと、勉強したこと、世の中に対して言いたいことをブログに書く。あるいは、例えば落語が好きなら落語、だれかと対談をする、芝居をつくる、映画をつくる、そういう表現活動が全部パソコン一台でできるようになっていきます。毎年毎年パソコンの能力が上がります。それが今後、おそらく五年一〇年と続いていくから、いまはテレビ局に勤めなければできないこととか、映画会社に勤めないとできないことが、みんな一人ずつ自分の道具によってできるようになり、できたものをブログによって全世界に発信できるようになる。ユーチューブによって、いままでだったら埋もれていた才能を、「こんな面白い人がいるんだ」と、世界の人がワーッと見つけてくれる。それでその人が表現していくことで生きていきたいと思ったら、そういう人生が開けることになるかもしれない。そういう可能性が一人ひとりに開かれていく時代なんですね。

そして、ちょっとの努力で世界中の誰とでもコミュニケーションできるようになる。「6次のへだたり」、英語だと「6 degrees of separation」という言葉があります。地球上には六〇億人くらいの人がいますが、その中から一人選んで、その人にたどりつくには、何人の知り合いを介せばいいでしょうかということなのですが、だいたい六人を間に介せば、全世界の誰とでも知り合いになれそうだということが、いまわかってきています。

君たちに知り合いが一〇〇人いるとします。その一〇〇人に、それぞれ一〇〇人の知り合いがいる。そういう状況のもとで、たとえば検索をしてアメリカのスタンフォード大学のある教授の名前が出てきたとします。その教授と知り合いになりたい。君たちがもしそう思ったら、その教授に何人を介してたどりつけるか。たとえば、普通部の何々先生に聞いてみる。先生が一人目です。その何々先生の大学のときの同級生でアメリカにいる人がいる。この人が二人目。その人が、スタンフォード大学に友だちがいるなら、その友だち、三人目の人に聞いてみる。たぶんスタンフォードの中の人なら、その教授となんとかつながっちゃう。そうすると、四人目でつながるわけですね。

そういう人と人とのつながりのような情報が、全部インターネットにおかれるようになります。そうすると、誰かと知り合いになりたいときに、どんな人とでも知り合いになれる。でもちょっと努力をしないといけない。いくら自動翻訳がこれから進歩するといっても、言語の違う人とつきあうには語学は勉強しないといけないとか、あるいは、誰かと知り合いになりたいと思っても、向こうにとっては、別に君たちと知り合う理由はないわけだから、その教授にとって価値あるもの、何かを自分たちの中につくらないといけない。そういういろいろなことはありますが、ちょっとの努力で世界中の人とコミュニケーションできる。

僕はブログを書いていますが、最近こんなことがありました。韓国と台湾から、僕の著書『ウェブ進化論』を翻訳したいという話が来たんです。台湾の方はいま翻訳中ですが、韓国版はもう出ていて、その韓国版が出たということを、僕はしばらくの間、知らなかった。そうしたら、あるときに、一五歳の韓国の中学生が僕のブログのコメント欄に、いきなり「私は韓国に住む九一年生まれの中学生です。今度韓国語版で出た『ウェブ進化論』を感銘深く読みました。シリコンバレーで働くのが夢で日本語も少しずつ勉強しています」と日本語で書いてきたんです。そんな中学生が韓国にいます。

ちょっと考えを転換すれば、君たちもアメリカの著者の本の翻訳書を読んで、グーグルで検索してその人のブログを見つけて、そのコメント欄に英語で感想を書いたりすることができる、ということです。そんなことができて、いろんな刺激を受けながら、人生を楽しむことができる。そういう意味で、君たちがこれから生きていく時代は、やりがいのある面白い時代なんです。

「もうひとつの地球」と言いましたが、君たちが生きているリアルの地球というのも素晴らしいですよね。スポーツをやったり、美味しいものを食べるというリアルな生活と、それと「もうひとつの地球」というものを自由に行き来しながら創造的に生きてほしい、というのが僕のメッセージです。自分のほうから積極的に働きかけると必ず返ってくるのがインターネットの世界です。君たちは、リアルの地球と「もうひとつの地球」というものを自由に行き来をしながら創造的に生きる初めての人類なわけです。そういう可能性がみんなに開かれた。

†一億人から三秒を集める

ネット進化の本質を一言で言うと、不特定多数無限大と、あるいは、不特定多数無限大を、同時に何とかかんとかするコストがゼロに近づいていくということなんですね。これは基本的に、リアルの世界で絶対できなかったことです。一億人とか一〇億人とかを相手にするということは、物理的に制約があってリアルの世界では無理だった。それがネットでは、たとえばみんながグーグルで何でも好きな言葉を検索すると、瞬間に答えてくれる。そこにどれだけ情報があるかというと、想像すればとんでもない量の情報があるということがわかる。それがすべての言語についておこなわれている。グーグルの検索エンジンというのは発展途上のものだけれど、それでもずいぶん便利なものです。ほとんど無限とも言っていいようなネットの情報が向こう側にあるということが想像できると思います。その上、それがほとんどタダで使える。

それから、別の例でいうと、一億人から一円集めるということは、これまでは誰もできませんでした。誰かのところに行って「一円ください」と言ったら、くれる人は多いかもしれない。でも君たちがリアルの世界でどんなに一生懸命やっても、一日で何人から一円もらえるだろうか。歩いていって時間がかかるとか、いろんな制約があって、一日かかっても一〇〇円くらいしか集められない。だから、一円を一億人からもらうということは、そんなバカみたいなことはありえない、というのが、リアルの世界での常識でした。でも、インターネットの世界は、不特定多数無限大と何かをするコストが限りなくゼロに近づいていく。いまはまだできないけれど、いまから一〇年、二〇年後に君たちが素晴らしいサービスをつくったり、素晴らしいことを考えて発表したりしたら、そういうことが起こるかもしれない。

それから、地球規模で人々の「努力の成果」とか「善意」を集積できるということが、少しずつわかってきているんですね。大きな企業に、たとえば一万人従業員がいるとして、みんな一日八時間働くとします。そうすると、一日に「八万人時間」という労働力ができて、それによってその会社というのが成り立つ。ところが、八万人時間というのは、人数を増やしながら時間を減らしていくと、一〇万人×四八分です。一〇〇万人だったら、一人四・八分。一〇〇〇万人だと三〇秒くらいです。一億人だったら三秒。

現実に、一億人の三秒の時間を使って、どうやったら一万人の人が丸一日一つの会社で働いているのと同じような価値が生み出せるか、というのは、いまはまだ詰められていないけれど、これからできるかもしれません。できるかもしれないというのは、工夫をする人が出てくるだろうからです。こういう部分にみんなの善意を集めよう、一日五分の世界中の人の善意を集めて世の中を良くしよう、というようなことを考えることができる。五分というのは、インターネットの何かのウェブサイトを見るのに使って消費してしまうくらいの時間だから、それを何か世の中のために使うことができるんだったらと考える人が、世界中に相当たくさんいるはずですね。

†世界の謎、オープンソース

ところで、オープンソースって聞いたことがありますか。それはソフトウェアの作りかたの問題なんですが、これは世界の謎なんです。プログラム、たとえばインターネットを見るときに使うブラウザというのは、ものすごく複雑なソフトウェアです。マイクロソフトという会社が社員をたくさん雇って、給料をたくさん払って、一生懸命作っています。

でもそれと同じようなものが、オープンソースの世界でも作れます。オープンソースというのは、自分が作りたいソフトウェアのソースコードをインターネットの上で公開する。ソースコードというのはプログラムそのものです。そうすると、そのソースコードの周りに、世界中のプログラマーが自然に集まってきて、よってたかってマイクロソフトが作ったブラウザよりもすごいものを作ってしまう。

面白いのは、そういうオープンソースのソフトウェアは、インターネットで上手に検索すると、ぜんぶ中身を読むことができる。世界の第一線の技術者が作ったソースコードというのは、僕らがプログラムを勉強していた頃は、いくら勉強しようと思っても読めなかったけれど、いまは全部読むことができます。読むだけでなくて、「この部分を自分はこういうふうに改良したい」と勝手に改良して、それでそのオープンソースをやっている人にメールを送る。そうすると、「ああこれは面白いね」といって、誰かが作った修正や改良がそのソフトのなかに組み込まれていく。そういうふうにして、次から次へと世界中のあらゆる国の人が、インターネットの上のインフラを作る仕事に自由に参加している。そんなことが毎日起きています。

†未来は予想するものではなくて創造するもの

「二〇一五年くらいにどうなっていますか？」という質問が、僕はあまり好きではありません。未来というのは予想するものでなくて、あるいは誰かに「どうなりますか」と聞くものでなくて、創造できるものだからです。アメリカのシリコンバレーに僕がやってきたときに町に満ち溢《あふ》れていたのは、「未来というのは君たちが創造するものなんだよ」という明るい機運でした。未来は、これから生きる君たちがどういうふうにしていきたいかによって、大きく変わるんですよね。まったく新しい世界を君たちは創造していける。

二〇一五年から二〇二〇年くらいの間に君たちは社会に出るわけですが、その頃にはきっとものすごいことが起こっている。とくにインターネットの世界では、新しい技術や新しい感覚で本当に面白いことが起きる。

僕がコンピュータに出会った一九七三年頃というのは、コンピュータに一行自分の名前を書かせるのだけでも、放課後、紙カードにパンチして、それを行列に並んで受けとって大型コンピュータのカードリーダーに入れて、こんどは出てくるのを大型プリンターの前に並んで、ということをやっていました。そういう意味で、二〇一五年、君たちが大学を卒業する頃には、インターネットの威力は、全然想像がつかないくらいに進化しているはずです。

アップルという会社を知ってますか？　マイクロソフトは？　ヤフーは？　グーグル

は？（ほぼ全員から手が挙がる）

この四つの会社の共通点はなんでしょう。「これらはみんな二十代の若者がつくった会社です」というのが僕の答えです。たとえば、アップルのスティーブ・ジョブズという人は、二〇歳のときにアップルをつくりました。マイクロソフトのビル・ゲイツも二〇歳のときです。ヤフーのジェリー・ヤンもスタンフォードの大学院生のとき、たぶん二五歳くらいのとき。それからグーグルの二人の創業者も、二五歳くらいのときに会社をつくった。

次に新しい何かを生み出すのは君たちの世代です。これはだいたい経験則で決まっているんです。というのは、マイクロソフトのビル・ゲイツは一九五五年生まれです。グーグルのサーゲイ・ブリンとラリー・ペイジという二人の創業者は、一九七三年生まれです。だいたい一八年とか二〇年の周期で、まったく新しい感性で、まったく新しい環境で育った人のなかから、上の世代の人がぜったい思いつかないようなものが生まれてくる。いままでは、ずっとアメリカが先進国だったのですが、携帯電話とかブロードバンドのインフラはいま日本が世界一です。世界一のＩＴのインフラを空気のように吸いながら生きて行く日本の君たちから、次のブレークスルーが生まれる。僕はビル・ゲイツの世代のちょっと下なんだけど、いま三〇歳くらいの人たちがグーグル世代で、彼らが最前線で活躍している。次は、一九九二年か一九九三年生まれの君たちの世代ですね。

もう一つは、世界感覚というのが、君たちの世代は進化していきます。さっき「6次のへだたりで世界中の人とつながれる」とか、コミュニケーションを工夫すれば誰とでも出会える、とか言いましたね。歴史を見ると、明治の開国の頃は、大変革期でした。それまでは鎖国。それが初めて海外と付き合うようになって世界感覚が進化した。そういう時期でした。その次の大変革期は、戦後の高度成長の時代でしょう。たとえばテレビが普及した。海外旅行にカジュアルにいく人が増えた。テレビの影響は大きくて、テレビでたとえばアメリカ大統領の選挙とか、ヨーロッパで何が起きているかとか見ることができる。そういうものを見ると「世界」という感覚が進化します。あるいは飛行機に乗って海外旅行をして、頭でイメージしているのと全然違う世界だということが身体でわかるようになった。それが戦後の高度成長期でした。そしていままた大変革期ですね。世界がもっともっと身近になって、個人のレベルで、地球規模で、世界中の人たちの世界感覚が進化していく時代です。

世の中というのは、戦争があったり、いろいろとんでもないこともありますが、あらゆる国の人たちが、お互いを全然わかりあえなかった頃というのは、戦争が起こりやすかったと思います。皆がどういうことを考えながら生きているのか、ということがだんだんわかってくれれば、つまり情報がみんなにきちんと共有されてきたら、そういうことが起きにくくなるのではないかと最近思っています。これからは情報の共有や情報の公開、それをベースにした世界中の人たちの相互理解が大切になる。そういう世界感覚をみんなが進化させていって、リアルの地球とネットの地球を組み合わせていけば、きっともっといい世の中になります。どんどん世の中は進化して、日々世界は新しくて、これからは毎日面白いんだ、と未来について思ってほしいと思います。

†「好きなこと」を見つけて貫くこと

最後に、朝から晩まで情熱を傾けられることは何かということを、いろいろなことを試しながら、問い続けてほしいと思います。これは簡単なことではないですが、試していくと、ああ自分はこれが好きだという何かにきっと出会います。君たちが「これが好きだ」と思った瞬間に、今日僕がした話と結びつけて考えてほしいのですが、「もうひとつの地球」というのは、君たちが「これが面白いんだ」「自分はこういうことが好きなんだ」ということがわかったときに、その能力をどんどん増幅していける道具なんです。

インターネットの向こうには無限の情報がある。たとえば、君たちがこの人に学びたいと思う人に、何か努力すればたどり着くことができる。好きであるということが競争力を生む。自分にはこういう能力があるから、こういうことができるからこういう仕事をやるんだ、そういうふうに考えると、どこかで行き詰まる。好きであることを見つけて、それを競争力につなげていく。そのとき、インターネットは僕らの時代よりうんと便利なもの、つまり能力の増幅器になっているわけだから、それを使って過去の人たちを大きく超えていくことができます。

「新しい職業」もきっとたくさん生まれます。君たちのお父さんやお母さんは僕の世代だろうから、あんまり新しいことに対する想像力がない。学校の先生もそうかもしれない。だから、お父さんたちに「こういう職業につくためには、そんなことをしてないでこんな勉強をしなさい」とか言われるかもしれないけれど、もし君たちに好きなことが見つかって、自分は本当はこういうことをやりたいんだ、と思ったら、それを貫いたらいいと思う。そのまわりに新しい職業が生まれるかもしれないんだから。たとえば、福澤諭吉は慶應義塾という学校をつくったわけだけど、それは幕末から明治のあの頃には、すごく新しいことでした。だから、その時代がどういう時代で、その時代の誰かがやったことはそのときにどのくらい新しかったのかということを考えてみると、「ああそうか、自分はこういうことをしたいのに皆わかってくれないのは新しいからなんだ、でも好きなことを貫いていったら、新しい職業が自然に生まれてくるんだろうな」くらいに思って好きなことを貫いてほしいと思います。

僕は普通部の頃のことを思い出して、二つ後悔することがあります。一つ目は、身体をもっと鍛えておけばよかったということ。体力というのは、中学生の頃に思っていたよりも人生のなかで重要なものだといま思っています。それからもう一つは、僕は普通部の頃からコンピュータが大好きだったので、授業のほとんどがつまらなかった。とにかく、自分が好きなのは数学と、あとなにか少しの科目だったから、どうして朝から午後まで授業を受けなければならないんだろうと思いながら学校に来ていました。でもいまつくづく思うのは、あんまり興味がない科目でも、授業中だけでいいから、もうちょっと真剣にやっていればよかった。もう少しいろんなことに興味をもてばよかったなと思います。

君たちが、もしシリコンバレーに何かの機会に、いつか遊びにくる、あるいは大学に留学してくる、そういう機会があって、もし僕のことを覚えてくれていたら、「あのときの特別授業を聞いていました」と言ってくれれば、向こうで会います。最後まで熱心に聴いてくれてありがとう。これで僕の話は終わりです。

（二〇〇六年一一月一一日、慶應義塾普通部「目路はるか教室」、原題「ウェブ社会が大きく進化する二〇一五年以降の時代を君たちはどう生きるべきか」）

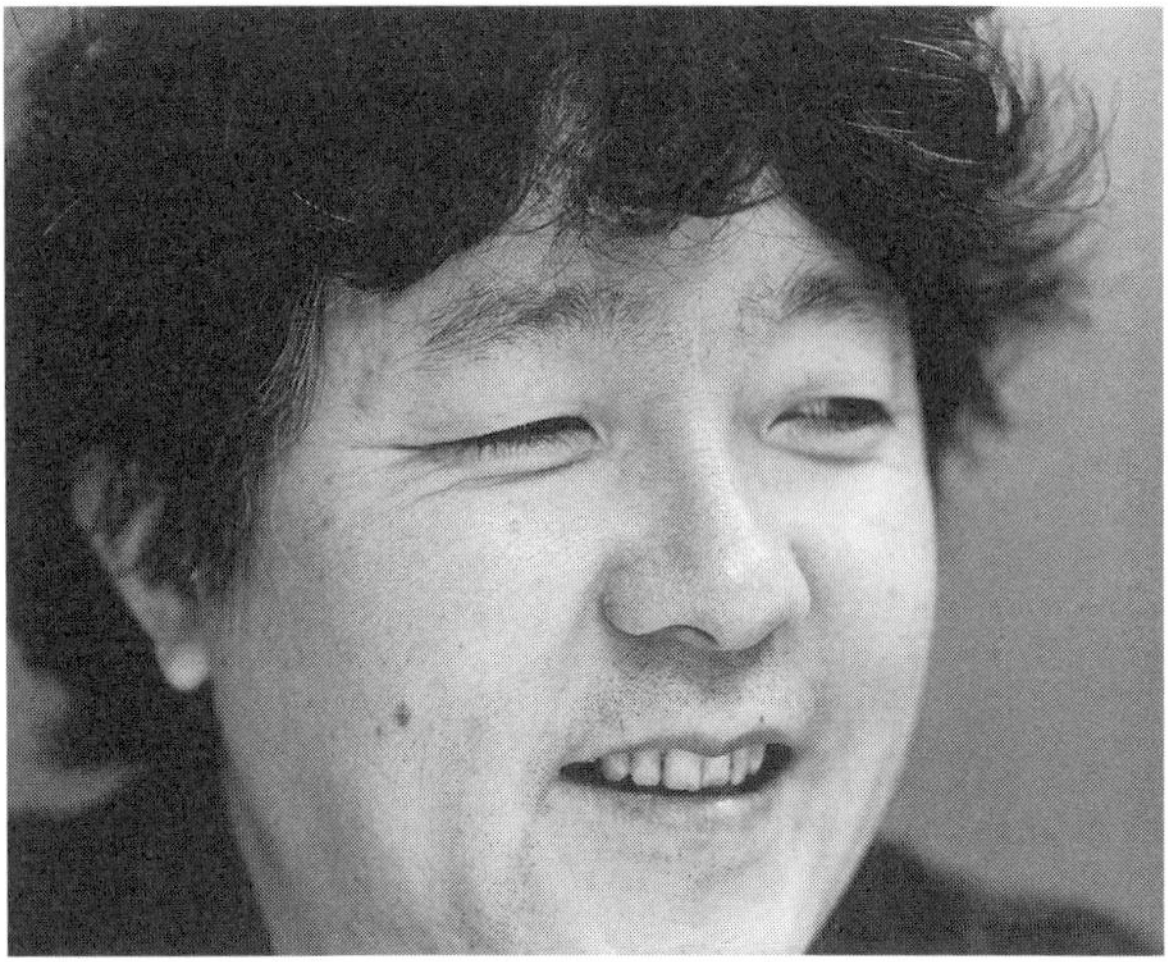

茂木健一郎特別授業
「脳と仕事力」

みなさんはだいたい大学生ですよね。大学院生もいるのかな。それくらいのときに自分が何を考えていたのか、いまでもよく覚えています。考えていたことは二つあって、一つは、自分よりも年上の大人を見て、「俺はあのくらいの年になったら、もうちょっとまともな人間になっているだろう」っていうこと。なんとなくそんなことを思っている生意気なヤツって、この中にも絶対いると思う。

それから、もう一つ。大人を見ると、なんだか、出来上がっているなって感じていた。たとえば大学の先生をやっている人って、ずっと大学の先生をやっているように見えるでしょ。でもそんなことはなくて、どこかで着地したんですよ、そういう職業に。だから彼らだって、学生時代はみなさんと同じように不安で、どうしたらいいかわからない時期があったんですね。

君たちもこれから大学を出て仕事をはじめてみるまでは、どういう仕事なのか形が見えないから、すごく不安なはず。でもその不安に耐えないといけない。

僕は今朝も四時に起きて、まず博士課程の学生の英語の論文を読んでその英語表現を直して、そのあと東京工業大学のキャンパスに行き、それからここ横浜国立大学に来ました。

こういうふうにいまは二四時間仕事に追いまくられているんですが、僕も君たちくらいのときは、自分が将来何をやるかなんて全然わかっていませんでした。

とくに印象にのこっている青春の一ページがあって、私と塩谷賢っていう哲学者の友人と二人で、隅田川のほとりにマグロのように寝っころがりながら缶ビールを飲んでとりとめのない話をしていたんです。ふと気がつくと、夕暮れどきの薄暗がりのなか、カップルたちが僕らの周り半径一〇メートルくらいを避けて歩いていく。それが僕の茫漠とした青春の一ページで、そんなことはもうできなくなっちゃったけれど、そういうなにか定まらない、不安な時期をすごさないと、人間って、自分の道を見つけられない。そして、そういう不安をたとえば職業人になっても忘れてしまってはいけない。

†ギャップイヤー

ギャップイヤーってことばを知っていますか？「自分が何であるか」っていうことの不安に耐えるという話につながる大切なことです。ギャップイヤーというのは、僕がちょうど学生時代を終える最後の年に起こったことに関係しています。ちなみに、僕はなんと大学生・大学院生を合わせて一一年もやったんですよ。

まず理学部物理学科というところを、四年間で出ました。ところがその頃バブルの最盛期で、僕が物理学科を卒業したのは、理系の学生の文系就職というのが大はやりした年なのね。目はしのきく理系の学生は、銀行とか証券とかそういうところに文系就職をする。そういう気分が、ものすごく盛り上がっていた年だったんですよ。そのときに、僕はある人と親密な関係にあってですね、その人は法学部の人でした。ということもあって、僕もきらびやかな人生に転身するんだ、みたいなことを思って、法学部に学士入学したのです。ところが、法学部ってもちろん法律をやるところなんですが、僕は三日間で授業に出るのがいやになって、行かなくなってしまい、あとは単位だけとって卒業しました。学士入学だと二年間だから、そこまでで合計六年。そのあと理学部の大学院にもどり、五年間いて博士号をとりました。

博士号をとったのが三月でしたが、その最後の年の一月に、じつはまだ就職が決まっていなかった。ちょっとシリアスだよね。そうしたら研究室の助手をやっていた人が僕のところにやってきて、「茂木君、履歴書に一日でも空白ができるとヤバイから、いまから研究生になる手続きをしておいたほうがいいよ」と親切に言ってくれた。わかります？ 三月三一日に博士課程を修了しますよね。そうすると、四月一日から所属する組織が無い。それは、この社会のなかでは許されないことだから、たとえ研究生という名義でもいいから、とにかくその肩書きを得る手続きをしておきなさいと、その先輩は私に親切に言ってくれたわけです。

それを聞いてありがたいと思うと同時に、いまでも覚えているけれど、すごく重苦しいっていうか、社会というものに対して、いやーな気持ちを抱いたんですよ。「一度履歴書に空白ができて社会のまっとうなところから出ちゃったら、二度ともう戻れない」みたいな、そういう強迫観念にとらわれたんだよね。幸いにして、理化学研究所というところで脳の研究を始められたんだけど、そのときのトラウマがずっとあります。

ところが、そのあと学会で外国に行くと、日本の常識が世界の非常識で、履歴書に一日穴があくと真人間じゃなくなっちゃう、なんてことを考えているのは、日本以外には世界のどこにもないということに気づいた。あるとき、学会で会ったアメリカの大学の先生に聞いてみました。「あなた、いつも夏にヨーロッパの学会で会いますよね。僕は日本から四泊五日くらいで来ているけど、なんでいつも一カ月も滞在できるんですか?」

そうしたら、その人は、驚愕すべきことを僕に言った。そもそもその大学では、年間一〇カ月しか雇用関係がないんだ、と。正規の教授なのに、年間一〇カ月しか雇用関係がない。一〇カ月しか給料をもらっていない、っていうこともそうなんだけど、つまり、あとの二カ月はその大学と縁もゆかりもない人なんですよ。だから、何をやっていようと勝手。その人はたまたまヨーロッパの研究所から二カ月間分の給料をもらって、そこに行っている。それで、ヨーロッパやアメリカには全然違う常識があって、「空白」が平気であるということに気づいた。

僕は九五年から九七年にイギリスに留学していたのですが、そのときに、「ギャップイヤー」というものに出会います。これも君たちはおそらく驚愕すると思うんだけど、日本では、三月下旬に高校を卒業しますよね。そうすると、四月上旬には大学の入学式がある。「卒業旅行に行く」なんて言ったって、たった一、二週間しか行けない。ところがイギリスでは、ギャップイヤーというものがあって、なんと、高校を出てから大学に入るまで、どこにも所属しないで放浪するという習慣があるんですよ。六月に高校を出ます。それで九月に大学が決まるのだけど、入学するのを翌年の九月まで遅らせて、一年以上、どこにも所属をしていない。

それで、ギャップイヤーの間に何をするかというと、本当にいろいろなところに行く。必ずしもお金持ちの家の子供だけがギャップイヤーをとるのでなくて、働きながらのギャップイヤーというのもある。ダイアナ妃とチャールズ皇太子の息子のウィリアム王子というのは、ギャップイヤーで中南米のベリーズとチリに行って、ボランティア活動をしていました。日本だと履歴書のリレーでしょ、バトン落としたらアウト、みたいな。そうではなくて、多くの人が一年間、なんか訳のわからないことをやってきた状態で大学に入ってくるというのを想像してみてほしい。全然日本と違う、その感じがわかりますか？

このギャップイヤーというのは、大学を卒業したあとに取ってもいいんです。日本だと、新卒プレミアムというのがあって、新卒の人が採用試験の場で優遇される。本当はおかしい。その人が優秀だったら、どんな経歴でも採るべきで、そうでないと株主に対して申し開きができない。単に大学在籍中で三月に卒業見込みだという人をオートマティックにとっていたら、ベストな人材をとれないじゃない。日本の企業のシステムはいろいろの面でおかしいんだけど、まあそれはおいておいて、イギリスでは大学を卒業してから就職するまでにギャップイヤーを取る人もいる。それからキャリアギャップと言って、仕事の節目節目に、一年くらいギャップイヤーを取る人もいる。

というわけで、そういうギャップイヤーというのが、イギリスで普及している。でも、一年間、所属する組織がないというのは、考えれば考えるほど大変なことで、僕がこのギャップイヤーの話をすると、日本の事情通の先生方は、「何言っているんですか、茂木さん。日本には四年間のギャップイヤーがあるじゃないですか」と（会場、笑い）。そう言う人がいるんですが、重大な違いがあるのが分かりますか？　イギリスのギャップイヤーは所属している組織がない。だけど日本の四年間は、大学生という身分がキープされているから、心理的には何の圧迫感もない。

この制度には、じつは輝かしい伝統がある。ダーウィンって知っていますか？ 進化論をつくったチャールズ・ダーウィン。彼は何年間ギャップイヤーを取ったと思いますか？ ダーウィンは、大学を二二歳で卒業したんですが、そのあとビーグル号の航海に出かけます。そのビーグル号には何年間乗っていたと思いますか？ 答えはなんと五年です。ほかに有名な例だと、アーネスト・ヘミングウェイ。アメリカの作家で、『誰《た》がために鐘は鳴る』や『老人と海』を書いた人ですが、彼が最長ギャップイヤー記録を持っていると聞いたことがあります。たしか一〇年、ヨーロッパを放浪していたらしい。

†創造性とコミュニケーション

いまの話でだんだんわかってきたと思いますが、この「空白」とか「ギャップイヤー」ということは、創造性とすごく結びついています。夢のような話ばかりしたので、少し世知辛い話をしましょう。

これからみなさんが社会に出て行くときに、現在のマーケットで一番評価されるものは何だか知っていますか？ いま脳ブームと言われていて、私もいろいろなところで脳の話をするのですが、世間における脳の語られ方には、大いなる誤解があります。世間で脳といえば、「ドリル」というイメージが強いですよね。でも、就職面接で人事部長が、「そうか、君は脳を鍛えるドリルを最初は五分もかかって解いていたのに、いまは三分でできるのか、ぜひわが社に来てくれたまえ」なんていう会社があると思う？（会場、笑い）現代社会で求められているのはコミュニケーションと創造性の能力なんです、はっきり言えば。いまは本当に大変な時代だというのが僕の実感です。

大学を出たら一生その遺産で食っていけるという時代がありました。だけど、いまはそんな時代じゃありません。大学を出たからってそれだけで安泰なんてことはない。何を勉強したかということはこれからの武器になるんだけれど、同時に、一生学び続けなければいけない時代であることも事実なんです。

そのときに、みんな不安になる。もう君たちは、大学を卒業したら一生その遺産で食っていける時代に生きていなくて、一生何かを学び続けなければいけない、自分をアップデイトしなければいけない。それで脳ブームに走る。みんな不安だから、自分の脳は大丈夫だって言ってほしいわけ。でも世の中で求められているのは、創造性とコミュニケーションなんですよ。

たとえば、ユーチューブ。みんなユーチューブ使っているでしょ。あの動画配信サイト。そのユーチューブが先日、二〇〇〇億円近くでグーグルに買収されたのを知ってますか？わずか一年とちょっと前にネット上で生まれた企業が、二〇〇〇億円で買われる、っていう時代に生きているんだよ、君たちは。新しい発想とかコミュニケーション力というものを鍛えなければ、楽しくない時代なんですよ。

君たちもブログを書くでしょ。ブログを書くということは、一つのコミュニケーションの能力です。いま、グーテンベルク以来の革命が起こりつつある時代で、極端なことを言ったら、所属する組織なんてなくてもいい時代なんですよ。

名刺に所属組織を書くよりも、たとえば君は自分を紹介するときどうすればいいかというと、「僕の名前をグーグルで検索してください」って言えばいい。君がもし仕事しているとしたら、ホームページやブログにその仕事についての情報や作品や、仕事の実績なんかを載せておけば、それが信用になる。そういう時代になっていて、フリーであるか企業の社員であるかということがあまり意味がなくなってきている。むしろ、組織に所属しているという安心感にこだわっている人は、負け組になっちゃう時代に来ていると僕は思います。

僕と組織との関係というのは、きわめて説明しにくくて、たしかにソニーコンピュータサイエンス研究所というところに所属しているんだけれど、同時に、東京工業大学でも教えているし、東京藝術大学というところでも週に一回教えている。今年は早稲田や東大や聖心女子大でも教えたし、京都造形芸術大学というところでも教えました。NHKには定期的に通っていてNHKの入館証を持っています。もう「所属」する時代じゃないと個人的に思っています。組織に所属するというより、組織と自分との関係は「アフィリエイション」。アフィリエイションってわかります？　つまり、自分というものがいて、組織があって、その間になんらかのアグリーメントが結ばれている。

そういう事態になっていることに一番最初に気づいた人、気づいた組織が、幸せになっていくと思います。そうした方が組織も輝くんですよ。

†強化学習のメカニズム

つまりね、これからは君たちの時代で、組織の枠に縛られないで、創造性とかコミュニケーションを発揮しないといけないんだけれど、そのために必要なことは何だか知っていますか？

じつは、そのために必要なことの一つは「空白」なんですね。さっき、履歴書に穴があくと駄目だ、「空白」って日本では悪いことだという強迫観念があると言ったけれど、「創造的な空白」というのもあるんだよね。人間の脳というのは、絶対に休むことがありません。寝ているときに脳が休んでいると思ったら大間違いで、むしろ、昼間のうち、起きているときに経験したことを整理している。要するに、脳というのは情報をいっぱいたくわえておいていて、それをオフのときに整理する、ということをやっていて、その整理する中から創造性というのが生まれてきます。

だから、頭がいいということは、けっして単純に記憶力がいいということを言うのでなくて、記憶を整理する能力が頭のよさなんですよ。単に年号とか覚えていたってしょうがない。そんなのはいま、グーグルで引けばでてくるんだから。いかに自分の経験から学ぶか、過去の記憶のなかから新しいアイデアを生み出すか、ということが大事なんだけれども、そのときに重要なのが、創造的な空白なんですよ。

空白を生かすために絶対に必要な要素というのがあります。それは脳の快感です。これはどういうものかというと、脳というのは、じつはある非常に単純な原理で動いていて、空白が創造的な空白であるためには、「強化学習」というメカニズムが、君たちの脳のなかで働いていなければいけない。脳のなかには、快感を得たときに放出される、ドーパミンという物質があります。ドーパミンという物質は、ドーパミンが放出される前にとっていた行動を強化するという性質をもっています。これは非常に強力な作用です。たとえあくせくと努力しているときではなくても、何か快楽を感じているときというのは、君たちの脳が劇的につなぎ変わっている瞬間なんです。

†プロとは自分のやっていることに快楽を感じる人

NHKの「プロフェッショナル　仕事の流儀」という番組で、毎回いろいろなプロに来てもらっているのですが、僕の「プロフェッショナル」の定義は簡単です。お金をもらっていることじゃないんだよ。お金をもらっていても、仕事を楽しんでいなければプロじゃない。プロフェッショナルの定義というのは、自分のやっていることに快楽を感じる人。しかも、生物学的に単純な快感じゃつまらない。そうではなくて、仕事とか勉強とかをいくらやっても飽きない人。

たとえば、数学でものすごく難しい問題ってたくさんありますが、そういう難問の一つに「フェルマーの最終定理」というのがある。三六〇年間、正しいかどうか分からなかったのですが、ワイルズという人がそれを最終的に解いた。その証明が正しいかどうかをチェックするのに、その分野の専門家が、三人か四人がかりで一年くらいかかるというくらい、たいへんな難しさだった。数学が嫌いな人にとっては、ワイルズ君が考えていることというのは、苦痛の連続みたいに思ってしまう。でもそうじゃなくて、ワイルズの頭の中では、数学の問題を考えることが、ビールを飲むとか、チョコレートを食べるとか、そういうことと同じくらい快感なわけです。

いやなことを無理にやっていても、脳は絶対に変わらない。逆に言うと、ドーパミンの上流に何をもってくるかに関しては、ものすごく自由度が与えられているんですよ。そう考えると、人生が突然楽しくなってこない？　普通は、「ああ、俺いま学生時代で自由に遊んでいるのに、社会に出たら仕事しなくちゃいけないのか、土日以外はずっと仕事か、なんかいやだな、灰色だな」なんて思ったりするじゃない。そうでなくて、灰色であるはずの月曜から金曜までの時間の流れがすべて「蜜の味」になるとしたら。そういう素晴らしいことが可能で、逆に、そういう人しか、本当の意味でのプロフェッショナルになれないんですよ。

このところ、梅田望夫さんという人と何回か対談しているんですが、梅田さんがよく言うのは、本当に世の中を変えるようなプログラムを書く人というのは、ずうっとプログラミングしているんだって。朝から晩まで。飛行機に乗ってプログラミング、降りてプログラミング、家に着いてプログラミング。そのくらいにならないと、世の中を変えるようなプログラムなんかできない。その感じがわかります？　そのはまっちゃっている感じというか。そういう喜びを、ぜひわかってくれたらいいなと思います。

最初の一押しが大事なんですよ。雪だるまも坂道を転がるとき、最初は小さい。回り始めは難しい。でも、あるところを超えると、ゴロゴロゴロゴロって、あとは勝手に暴走していってくれる。僕はいま、少々仕事が詰まっていても全然つらくないです。僕のワーク・スケジュールはむちゃくちゃで、よく、働きすぎだとか心配されるけど、逆に僕は、ドーパミンがたくさん出て脳がつなぎ変わっている実感を持つことができるのです。

†自己批評は大事だ

そこで、とても大事なことがあります。君たちにも劣等感ってあるでしょ。その自分の痛いところを人の前で表現してしまう。それが自己批評です。

たとえば、僕はクオリアという問題を研究しているんですが、最初はなかなかつらかった。クオリアの研究を立ち上げたのが九七年くらいで、もう一〇年経っている。最近でこそ認知されてきたけど、最初は異端あつかいだった。クオリアというのは、われわれが意識で感じている質感のこと。たとえば、夕焼けの赤い感じとか、水の冷たい感じとか。ところが脳というのは物質で、物質である脳からクオリアがどうやって生み出されるかという難問がある。それを研究するのが僕のライフワークなんですが、普通のスクエアな科学者に説明しても、「こんなの科学の対象じゃないですよ」とか言われるだけだった。

でも最近は、普通の科学者にとっての最高の栄誉ってノーベル賞だから、そのノーベル賞というのを逆手にとってこんな言い方をしています。「ノーベル賞を単位として、一ノーベルというのがノーベル賞がもらえるという難しさだとすると、クオリアの難しさっていうのは、一〇〇ノーベルくらいですから」「もうちょっと正確に言うと、ニュートンの登場からアインシュタインの登場くらいの期間起こらなかったような発見がないといけないから、その間を二〇〇年とすると、ノーベル賞というのは毎年少なくとも必ず三人はもらうから、推定六〇〇ノーベルですかね」とか言っているんだけど（会場、笑い）。

まずノーベル賞がサブカルチャー化しているということを、わかりやすく伝える。ノーベル賞をとった人に、その人の世界観を聞こうと思った時代は終わってしまって、単にノーベル賞とっただけなんだな、という時代になったということ。それから、返す刀で、「クオリアの問題ってこんなに難しいんだぜ」って。そのポップな表現が、「クオリアの問題は六〇〇ノーベル」となる。それって、自己批評の試みなんです。

自分の欠点を見つめるというのは、すごく大事なことなんですよ。強化学習の回路を働かすためにも。ちなみにこの自己批評ということを徹底的にやった人が夏目漱石です。『吾輩は猫である』という小説が、彼のデビュー作だけど、デビュー作でなんと漱石は自分のことを「苦沙弥先生」とか言って、猫の立場からけちょんけちょんに書いている。勉強家のふりをしているけれど、じつは洋書を三ページも読まないうちに寝ちゃってよだれをたらしているとか。胃弱で黄色い顔をしているとか。自分のことをそんなふうに書ける人っている？　自己批評ができるっていうことは、歴史に残る素晴らしい小説が書けるという条件でもある。

†弱点が最大のチャンス

僕はいま、毎日のようにいろんな分野のすぐれた人と会って話をしているんですが、その中で出会った驚くべき事実があります。みんな誰でも欠点、弱点、だめなところを持っていますが、それこそが、自分にとっての最大のチャンスだっていうことなんです。

たとえば、英語力でも計算力でも何でも、平均値がゼロにあるとしますね。君たちのある力が、マイナス１００だとします。そうすると、平均値からこんなに低いからといって、普通その部分を隠そうとする、そういう弱点を補って生きようとするじゃない。普通は、たとえば x がマイナス１００でも、y とか z がプラス２００とかプラス３００だったら、y とか z で x を補うようにするというか、へっこんでいるところとでっぱっているところで収支を合わせようと思いますよね。

ところが、一流の人たちというのはみんな、その弱点を乗り越えて一流になってきている。最初は人より劣っていて、全くだめでへたくそだった、このマイナス１００のものが、なぜか突然、普通の人の域を超えてしまう、すごいレベルに達するということが頻繁にある。

一番驚いているのは、言葉なんですよ。話芸のプロが、子どものときにコミュニケーションが苦手だった。もっとはっきり言えば吃音だった、という例はたくさんある。たとえば、三遊亭圓歌という落語協会の会長だった人がいるんですけど、この人は自分で出したCDのなかでもはっきり言っているんですが、圓歌は子どものときにひどい吃音で、自分の名前が言えない。学校で自分の名前を言うときに、いつもつっかかって、すごくいやだったと。ところがそんなふうにしゃべるのが苦手だった人が、話芸のプロになる。そして、有名になってあるときテレビ局に行ったら、向こうから「よう」って声をかけてきた人がいて、その人は圓歌が子どものときに近所にいた、やっぱり吃音の少年だった。これが小川宏というアナウンサーで、「小川宏ショー」という番組をやっていた人。完璧な日本語をしゃべる人です。

もう一人例を挙げますが、スピードスケートの清水宏保選手という、オリンピックで金メダルをとった人は、自分の身体の筋肉一個一個がコントロールできるそうですが、子供のときは小児喘息に苦しんだそうです。空気がちょっと変わると、いつ喘息の発作が起きるかわからなくて、いつも自分の身体の様子をうかがっていたらしい。何か起こるんじゃないかって。そこから、金メダルをとるような、驚くべき身体コントロール能力につながるということが、人生の真実を表している。

おびえているウサギみたいに、いつも自分の身体に何か起こるんじゃないかって自問自答しているうちに、それがいつのまにかオリンピックで金メダルをとるようなアスリートの能力に大化けする。こういう例は挙げていけばきりがないんですけど。

他人にぜったいバレたくない、一番の弱点のところって、乗り越えたいと思いません？そのときに何が起こるかというと、強化学習の理論によれば、自分の弱点を乗り越えるというのは苦しいことで、そのためには厳しい通過儀礼が必要になるのだけれども、もし乗り越えることに成功したら、それだけ大量のドーパミンの放出がある。苦しいことやりきった後のうれしさって格別だよね。

ということは、強化のメカニズムが非常につよく働く。最初から出来る人というのは、それをきれいにこなして終わりになっちゃうんだけど、苦手だったことをやる人というのは、すごく嬉しいわけ。だからこそやっているうちにオーバーシュートして、むしろ普通の人よりもはるかに上手くなるということがよくある。だから、苦手な場合の方が、そこにちゃんと向き合って鍛えれば、自分のメシの種になる可能性があるかもしれないわけです。

とにかく学生時代は、思いっきり不安になってください。僕自身、学生時代はもちろん、三年前だって、いまみたいなライフスタイルになっているなんて全然思っていなかった。なって初めて「俺はそういう人間だったんだ」とわかることって、世の中にいっぱいあります。

いろいろ積み残したことはありますが、でも言いたかったことは、弱点がチャンスだということ、コンプレックスがチャンスだということ。それだけわかってもらえたら充分です。いまは、インターネットをはじめ、自分をさらけ出して鍛えるためのツールはたくさんあります。自分の欠点を恐れず、偶有性の海に飛び込むことで未来を開くことができるのです。

（二〇〇六年一一月二九日、横浜国立大学教育人間学部六号館一〇一号室
http://kenmogi.cocolog-nifty.com/qualia/2006/11/post_f648.html）

おわりに——フューチャリストとは何か

梅田望夫

私たち二人は、この対談を通して「フューチャリストへの強い志向性」という共通点を発見した。フューチャリストとは、専門領域を超えた学際的な広い視点から未来を考え抜き、未来のビジョンを提示する者のことである。

では私たちは、何のために未来を見たいと思うのか。

「自分はいま何をすべきなのか」ということを毎日必死で考えているから、そのために未来を見たいと希求するのである。

私たちはいま、時代の大きな変わり目を生きている。それは、同時代の権威に認められるからという理由だけで何かをしても、未来から見て全くナンセンスなことに時間を費やし一生を終えるリスクを負っている、ということだ。

同時代の常識を鵜呑みにせず、冷徹で客観的な「未来を見据える目」を持って未来像を描き、その未来像を信じて果敢に行動することが、未来から無視されないためには必要不可欠なのである。

そういう共通の志向性に気づき、その意味を広く伝えたいと思った私たちは、本書の題を「フューチャリスト宣言」として、世に問うことにしたわけである。

茂木健一郎（以下、評論的に彼を論ずるので敬称を略す）を例に、そのことをより深く考えたい。経営コンサルタント、ベンチャー・キャピタリスト、ネット・ベンチャー経営者といった「新しい職業」を選び続け、さらには日本を離れてしまった私と違い、日本に住み学問の世界に身を置く茂木にとってフューチャリストを志向することがいかに危険なことであるかを考えてみたいのである。

茂木はそのブログ「クオリア日記」で、自らのめまぐるしい日常を日々書き綴っている。茂木は大学や研究所でじっとしていない。テレビのキャスターを務め各界のプロフェッショナルたちと会い、さらにさまざまなジャンルの芸術家との対話を繰り返す。執筆、講演、対談、取材の数も尋常ではない量をこなす。彼のマルチな活躍ぶりは、学者という枠を超えて多彩である。毎日倒れるようにして眠るまで、肉体の限界まで動きながら、彼は考え続ける。

しかし茂木の現在をみて、学界の権威の中には眉をひそめる者たちも多いだろうし、マルチに活躍しているというだけで「専門で一流の仕事をしていない学者だ」と短絡する頭の古い者たちもいるだろう。では茂木は、そういうリスクを冒しながら、あえてなぜそんな生活を続けるのだろうか。

茂木との対談は、二〇〇六年七月二五日（ソニーコンピュータサイエンス研究所）、二〇〇六年一一月一五日（山の上ホテル）、二〇〇七年一月一九日（㈱はてな）で三回に分け、のべ十数時間にわたって行われたが、三回の対談を終えたあと私は、その理由をじっくり考えるために、彼の著作を年代順に読み、彼がブログ上に音声ファイルをアップしている講演や対談や講義録をここ半年分、全部で二〇時間以上聞いた。そして、やっとわかった。

本書の中でも言及があるが、カギは「いま自分が目指すべきは、アインシュタインではなくてダーウィンなのだ」という茂木の発見にある。茂木は、自らの専門である脳科学や心脳問題（なぜ脳に心が宿るのか）の未来をここ十年考え続けた。そして彼はこんな結論に到達する。二二世紀か二三世紀の人が歴史を振り返ったとき、二一世紀初頭の脳科学研究のアプローチは「暗黒時代だった」として無視されるに違いないと。つまり、脳科学の分野では、同時代の既存権威が認めるお行儀の良い研究をやっていても、未来からきっと無視される。茂木には、そういう強烈な危機感が芽生えたのである。

「『脳とクオリア』の頃は、僕はアインシュタインのようなことを夢見ていました。アインシュタインのように、ある鋭利な論理で切っていくことができると思っていた。でも、それはどうも時期尚早というか。いまは「アインシュタイン」よりも「ダーウィン」の時

代なのでしょう。」（114～115ページ）

茂木はこう語るが、「アインシュタインではなくダーウィン」とは何なのか、素人なりに私が理解した範囲で解説しよう。アインシュタインは「新しい世界の成り立ち」を美しい理論で提示したが、脳科学の進歩の過程を考えるとアインシュタインのようなアプローチは残念ながら時期尚早である。ダーウィンが『種の起原』を書き「進化論」を提唱したことに相当する仕事が、脳科学においていま必要とされることだ。茂木は、脳科学の進歩過程における現在を、生物学から生命科学へと発展していった学問領域における一九世紀半ば頃とだいたい同じだと結論づけたのである。

「ダーウィンが『種の起原』（一八五九年出版）に書いた、突然変異と自然選択で種がでてくるというアイデアは、いま我々がみても非常にブリリアントです」（114ページ）

ダーウィンの「突然変異と自然選択」に相当する概念を提示することこそを自分が目指すべきなのだと、茂木はあるとき大きな方向転換をしたのだ。そのためには、研究室にこもって実験や思索を繰り返すのではなく、ダーウィンがビーグル号に乗って世界を見て、大英博物館で森羅万象ありとあらゆる分野の文献を渉猟したように、彼も生来のマルチな才能を全開に、毎日さまざまな刺激を受けながら自由に疾走する生活を選び取ったのである。

本書で私たち二人の生活を比較して議論する部分があるが、反射神経的に私が発した「茂木さんの場合、人に対して偶有性を求めて世界をさまよっているみたいな感じがありますよね」（61ページ）という言葉も、あながち的外れではなかったようだ。

茂木は自ら描いた未来像を、自分が何を目指すべきで、いまどう生きるべきなのかという切実な問題に落とし、さらにそれを自らの生活として実践している。ここに茂木の真骨項がある。フューチャリスト・茂木健一郎が人生を賭けてイメージした自らの専門領域をめぐる未来像は、彼の生活を規定するようになったのである。

脳科学を専門としない私たちが茂木から学ぶべき本質はここにしかない。彼が語る「脳についての知見」を学ぶことより、彼の生き方からその本質を学ぶことのほうが、百倍以上価値がある。そんな視点で、本書の対話を改めて読み直していただければ、新たな発見もあるのではないかと思う。

本書では、日本の大学や知識人や大学人への茂木の絶望感がたびたび語られる。それは茂木の生き方との関係でよりよく理解できることと思う。知はそれを生き方に活かして初めて意味がある。彼の生活はその実践である。多くの知識人は茂木との真摯《しんし》な対話から逃げるだろう。なぜなら彼ら彼女らは、獲得した知を自らの「生き方」に反映するというリスクを取っていないからだ。既存権威の安全圏の中から、茂木にはこのテーマについて語る資格があるのかとからかってみたり、知の隘路《あいろ》の中の瑣末な知識の蓄積をひけらかして茂木を揶揄したりするのだろう。茂木はそんなくだらない世界に目を向ける暇もなく疾走し続ける。彼のブログを読み、彼の生活を垣間見ればそれがわかる。読むだけで目が回るほどの心地よい疾走感である。

いつか本当に、脳科学における茂木健一郎版「種の起原」を英語で書き、世界を席捲してほしいと私は願う。仮にそれが同時代の既存権威から無視されたとしても、「Wisdom of Crowds」（群衆の叡智）は必ずその意味を見出して未来に語り継ぐから、茂木は未来から無視されないだろう。

対話を繰り返す中で私たち二人は、「この本は、細部をつついて批判するのがバカバカしいような明るい本となる」と予感し、そういう本にしたいと思った。果たして読者にはどう感じていただけただろうか。

本書には、中学校と大学で二人がそれぞれ行った講演内容を収録することにした。私たち二人のもう一つの共通点として、「若い人たちに希望と勇気を与えたい」と思う強い気持ちがある。対談からもその雰囲気は十分伝わったと信ずるが、現実にライブで若い人たちを前に話した内容を追加することで、その気持ちをよりクリアなメッセージにして読者へ届けたいと考えた。

この対談を最初に企画し実現してくださった「AERA」編集部の皆様（第一回対談のエッセンスは「AERA」二〇〇六年八月七日号に掲載された）、講演内容の収録を快く了解してくださった、慶應義塾普通部「目路はるか教室」関係者の皆様、横浜国立大学関係者の皆様、本当にありがとうございました。

末筆ながら本書は、筑摩書房の福田恭子さん、増田健史さん、お二人の労に負うところが大きい。共著者を代表して、感謝の意を表したいと思う。

ちくま新書
656

フューチャリスト宣言《せんげん》

二〇〇七年五月一〇日　第一刷発行
二〇〇七年五月二〇日　第二刷発行

著　者　梅田望夫（うめだ・もちお）
茂木健一郎（もぎ・けんいちろう）

発行者　菊池明郎

発行所　株式会社　筑摩書房
東京都台東区蔵前二-五-三　郵便番号一一一-八七五五
振替〇〇一六〇-八-四一二三

装幀者　間村俊一

印刷・製本　三松堂印刷　株式会社

乱丁・落丁本の場合は、左記宛に御送付下さい。
送料小社負担でお取り替えいたします。
ご注文・お問い合わせも左記へお願いいたします。
〒三三一-八五〇七　さいたま市北区櫛引町二-六〇四
筑摩書房サービスセンター
電話〇四八-六五一-〇〇五三

Printed in Japan
ISBN978-4-480-06361-8 C0295

ちくま新書

159 哲学の道場　中島義道

やさしい解説書には何のリアリティもない。原書はわからない。でも切実に哲学したい。死の不条理への問いから出発した著者が、哲学の真髄を体験から明かす入門書。

482 哲学マップ　貫成人

難解かつ広大な「哲学」の世界に踏み込むにはどうしても地図が必要だ。各思想のエッセンスと思想間のつながりを押さえて古今東西の思索を鮮やかに一望する。

545 哲学思考トレーニング　伊勢田哲治

哲学って素人には役立たず？　否、そこは使える知のツールの宝庫。屁理屈や権威にだまされず、筋の通った思考を自分の頭で一段ずつ積み上げてゆく技法を完全伝授！

549 哲学者の誕生――ソクラテスをめぐる人々　納富信留

ソクラテスを「哲学者」として誕生させたのは、その刑死後、政治的な危機の中で交わされたソクラテスの記憶をめぐる論争だった。その再現が解き明かす哲学の起源！

564 よく生きる　岩田靖夫

「よく生きる」という理想は、時代や地域、民族、文化、そして宗教の違いを超えて、人々に迫る。東西の哲学や宗教をめぐり、考え、今日の課題に応答する。

577 世界をよくする現代思想入門　高田明典

その「目的」をおさえて読めば、「現代思想」ほど易しくて役に立つ思想はない。「構造主義」や「ポストモダニズム」の「やってること」がすっきりわかる一冊。

598 生と権力の哲学　檜垣立哉

見えない権力、人々を殺すのではなく「生かす」権力が、現代世界を覆っている。フーコー、ドゥルーズ、ネグリらの思想を読み解きながら、抵抗の可能性を探る。

ちくま新書

001 貨幣とは何だろうか 今村仁司
人間の根源的なあり方の条件から光をあてて考察する貨幣の社会哲学。世界の名作を「貨幣小説」と読むなど貨幣への新たな視線を獲得するための冒険的論考。

012 生命観を問いなおす ——エコロジーから脳死まで 森岡正博
エコロジー運動や脳死論を支える考え方に落とし穴はないだろうか？ 欲望の充足を追求しつづける現代のシステムに鋭いメスを入れ、私たちの生命観を問いなおす。

016 新・建築入門 ——思想と歴史 隈研吾
建築とは何か——古典主義、ゴシックからポストモダニズムに至る建築様式とその背景にある思想の流れを辿りその問いに答える、気鋭の建築家による入門書。

166 戦後の思想空間 大澤真幸
いま戦後思想を問うことの意味はどこにあるのか。戦前の「近代の超克」論に論及し、現代が自由な社会であることの条件を考える気鋭の社会学者による白熱の講義。

204 こころの情報学 西垣通
情報が心を、心が情報を創る！ オートポイエーシス、動物行動学、人工知能、現象学、言語学などの広範囲な知を横断しながら、まったく新しい心の見方を提示する。

261 カルチュラル・スタディーズ入門 上野俊哉 毛利嘉孝
サブカルチャー、メディア、ジェンダー、エスニシティ、ポストコロニアリズムなどの研究を通してカルチュラル・スタディーズが目指すものは何か。実践的入門書。

283 世界を肯定する哲学 保坂和志
思考することの限界を実感することで、逆説的に〈世界〉があることのリアリティが生まれる。特異な作風の小説家によって問いつづけられた、「存在とは何か」。

ちくま新書

613 思想としての全共闘世代 小阪修平

あの興奮は一体何だったのか？　全共闘世代が定年を迎える。戦後最大の勢力を誇り、時代を常にリードしてきたこの世代の思想的・精神的な、文字どおりの総括。

637 輸入学問の功罪 ――この翻訳わかりますか？ 鈴木直

頭を抱えてしまうような日本語によって訳された思想・哲学の翻訳書の数々。それらが生み出された歴史的背景にメスを入れ、これからの学問と翻訳の可能性を問う。

211 子どもたちはなぜキレるのか 齋藤孝

メルトダウンした教育はどうすれば建て直せるか。個性尊重と管理強化の間を揺れる既成の論に楔を打ち込み、新たな処方箋として伝統的身体文化の継承を提案する。

329 教育改革の幻想 苅谷剛彦

新学習指導要領がめざす「ゆとり」や「子ども中心主義」は本当に子どもたちのためになるものなのか？　教育と日本社会のゆくえを見据えて緊急提言する。

522 考えあう技術 ――教育と社会を哲学する 苅谷剛彦 西研

「ゆとり教育」から「学びのすすめ」へ、文教方針が大転換した。この間、忘れられた、「学び」と「教え」の関係性について、教育社会学者と哲学者が大議論する。

624 ウェブ恋愛 渋井哲也

ウェブを介した恋愛の実際と危険、ネット発純愛ブームの背景、ブログやSNSがもたらしたコミュニケーション方法の変化を取材。新時代の恋愛観の本質に迫る。

645 つっこみ力 パオロ・マッツァリーノ

正しい「だけ」の議論は何も生まない。必要なのは、論敵を生かし、権威にもひるまず、みんなを楽しませる笑いである。日本人のためのエンターテイメント議論術。

ちくま新書

ちくま新書

339 「わかる」とはどういうことか
——認識の脳科学
山鳥重
人はどんなときに「あ、わかった」「わけがわからない」などと感じるのか。そのとき脳では何が起こっているのだろう。認識と思考の仕組を説き明す刺激的な試み。

363 からだを読む
養老孟司
自分のものなのに、人はからだのことを知らない。たまにはからだのことを考えてもいいのではないか。口から始まって肛門まで、知られざる人体内部の詳細を見る。

434 意識とはなにか
——〈私〉を生成する脳
茂木健一郎
物質である脳が意識を生みだすのはなぜか？ すべてを感じる存在としての〈私〉とは何ものか？ 人類に残された究極の問いに、既存の科学を超えて新境地を展開！

557 「脳」整理法
茂木健一郎
脳の特質は、不確実性に満ちた世界との交渉のなかで得た体験を整理し、新しい知恵を生む働きにある。この科学的知見をベースに上手に生きるための処方箋を示す。

493 世界が変わる現代物理学
竹内薫
現代物理学の核心に触れるとき、日常の「世界の見え方」が一変する。相対性理論・量子力学から最先端の究極理論まで、驚異の世界像を数式をまじえず平明に説く。

620 頭がよみがえる算数練習帳
竹内薫
つるかめ算、ニュートン算、論理パズルから図形問題まで。算数にはコチコチの頭をしなやかに変えるヒントがいっぱい。発想の壁を突き破るためのトレーニング本！

520 パンダの死体はよみがえる
遠藤秀紀
もともと肉食獣で不器用なはずのパンダは、どのようにして竹を握っているのか？ パンダの掌の解剖からその謎を明らかにした著者が、遺体科学の最前線へと誘う。